連續沖壓模具設計之基礎與應用
プレス順送金型の設計
－基礎から応用まで－

山口 文雄 原著　陳玉心 編譯

全華科技圖書股份有限公司　印行

國家圖書館出版品預行編目資料

連續沖壓模具設計之基礎與應用 / 山口 文雄原著；陳玉心
　編譯. — 二版. — 新北市：全華圖書，2012.01
　　面 ； 公分
　譯自：プレス順送金型の設計：基礎から応用まで
　ISBN　978-957-21-8285-7(平裝)
　1. 模具
448.8964　　　　　　　　　　　　　　　　　　100020939

連續沖壓模具設計之基礎與應用

プレス順送金型の設計—基礎から応用まで—

原出版社 / 株式会社 日刊工業新聞社
原著 / 山口 文雄
編譯 / 陳玉心
發行人 / 陳本源
執行編輯 / 葉家豪
出版者 / 全華圖書股份有限公司
郵政帳號 / 0100836-1 號
印刷者 / 宏懋打字印刷股份有限公司
圖書編號 / 0535401
二版三刷 / 2015 年 1 月
定價 / 新台幣 400 元
ISBN / 978-957-21-8285-7
全華圖書 / www.chwa.com.tw
全華網路書店 Open Tech / www.opentech.com.tw
若您對書籍內容、排版印刷有任何問題，歡迎來信指導 book@chwa.com.tw

臺北總公司(北區營業處)
地址：23671 新北市土城區忠義路 21 號
電話：(02) 2262-5666
傳真：(02) 6637-3695、6637-3696

南區營業處
地址：80769 高雄市三民區應安街 12 號
電話：(07) 381-1377
傳真：(07) 862-5562

中區營業處
地址：40256 臺中市南區樹義一巷 26-1 號
電話：(04) 2261-8485
傳真：(04) 3600-9806

前 言

　　採用沖壓加工製成的產品或零件，在許多商品中都看得到。對於物品製作而言，沖壓加工確實是不可缺少的加工方式。

　　但即使概稱為沖壓加工，其中還是可以分成各種方法。有的採用單工程加工以製作物品，有的以連續方式將材料依次傳送、加工成產品，種類不一而足。其中，連續加工的效率良好，對沖壓加工件的生產，是極佳的加工法。

　　這類加工所用的機件是模具。對加工品質及操作性等諸多要項，模具掌握決定性的因素，而模具的良窳又受到模具設計好壞所影響。尤其在連續模具，由於加工內容經過濃縮，模具的設計和製作都很困難。

　　本書試圖以容易理解的方式，對困難的連續模具設計進行解說、並予歸納整理。

　　連續加工中的各種要素，與單工程加工有相通之處。因此，也可將單工程加工視為連續加工的基礎。

　　由此觀點出發，先對沖壓加工的沖剪、彎曲等基本項目進行解說，並說明在這些加工要素中使用的模具元件，即使原本對沖壓加工尚無充分理解的讀者，也可因此循序漸進、了解沖壓加工用的模具。循此方式，不僅可以了解連續模具，對單工程的模具也會一併理解。

　　此外，本書也對一些難懂的專業術語加以解說，期能為眾人解惑。希望這本設計連續模具的入門書，可以成為活用的工具。

　　本書內容曾連載於日刊工業新聞社出版的專業雜誌「型設計」中，

經過補充及修正後，集結成冊。

連載時承諸多編輯人員大力協助，而本書的出版亦蒙相關人士多方關
注，於此並致謝忱。

山口文雄

譯　序

　　不久前讀到一篇文字，認為現在已不是一個可以立大志的年代了。或許是不景氣使人對未來感到焦慮，儘管時間的鐘擺不曾稍歇，站在 X 座標上的人類，卻正在體驗從第一象限轉往第四象限的感受。

　　就算它是對的好了！

　　因為，至少我們還是可以立志，還是可以對自己有所期許。

　　過去不曾立過大志，如今依然不想立什麼大志，只希望能做些正確的事，除了利己之外，還有些利他的效用。

　　於是，我翻譯了幾本書。

　　正在看這本書的你可以安心，除了由於我能夠看懂日文外，也由於我已從事非常多年的機械設計工作。回憶自修學習日文的理由，一方面是基於工作的需要，再則也是受夠了胡亂翻譯、不負責任的譯書者。

　　說起翻譯，我不認為是件容易的事，許多年前曾經有過一次經驗。日本工程師來做技術討論，由在商社工作的日本人擔任翻譯，翻譯者的中文非常好，和你我不相上下。討論進行得很順利，內容越來越深入，意外地，翻譯機器竟開始出現狀況，對日本工程師說起中文，卻對我們說著日文。等到這位額頭冒著汗水的翻譯者終於冷靜下來，能夠聽進我們的抗議後，他兩手一攤，說出令我驚訝的話：「對不起，我也聽不懂他說什麼。」那場討論最後提前結束。

　　今天翻譯者的角色由我擔任，但我其實也是個讀者，並以使用者的角度讀了這本書。對於原著的若干疑點，也透過全華的協助向原著者澄

清，使中譯本的正確性更高。在追求知識的道路上，已盡力築下基礎，冀望本書的讀者能善加利用，將知識由書本中取出，成為真正的技術。

陳玉心　謹誌

編 輯 部 序

　　「系統編輯」是我們的編輯方針，我們所提供給您的，絕不只是一本書，而是關於這門學問的所有知識，它們由淺入深，循序漸進。

　　作者鑑於多年從事機械設計工作以來，未見市面上有專業沖壓模具為需求導向的書籍，特將多年的研習心得，彙集編譯此書出版，書中以單工程模具為出發點，先由加工的沖剪、彎曲等基本項目進行解說，並說明在這些加工要素中使用的模具元件，內文中將艱澀的專業術語加以口語化說明，讓讀者獲得連續沖壓加工用模具的完整設計知識，適合初學者及對沖壓模具加工的設計者之實用書。

　　同時，為了使您能有系統且循序漸進研習相關方面的叢書，我們以流程圖方式，列出各有關圖書的閱讀順序，以減少您研習此門學問的摸索時間，並能對這門學問有完整的知識。若您在這方面有任何問題，歡迎來函連繫，我們將竭誠為您服務。

相關叢書介紹

書號：01542
書名：模具製作的基礎知識
日譯：邱來發、王總守、陳德禎
20K/192 頁/180 元

書號：00784
書名：沖壓加工技術資料集
日譯：張渭川
16K/408 頁/320 元

書號：05409
書名：射出模設計詳解
日譯：黃錦鐘、歐陽渭城
20K/304 頁/320 元

書號：05901
書名：射出成形的不良對策
日譯：歐陽渭城
20K/272 頁/300 元

書號：0257902
書名：塑膠模具結構與製造(第三版)
編著：張文華
20K/248 頁/300 元

書號：0552405
書名：金屬材料對照手冊
　　　(含各國標準)(第六版)
編著：理工科技顧問有限公司
　　　張印本、楊良太、徐沛麒
　　　陳鴻元、張記逢、郭海單
　　　黃慧婷、邱柏榮
橫 16K/1056 頁/950 元

◎上列書價若有變動，請
　以最新定價為準。

流程圖

書號：0330074
書名：工程材料學(第五版)
　　　(精裝本)
編著：楊榮顯

書號：01542
書名：模具製作的基礎知識
日譯：邱來發、王總守
　　　陳德禎

書號：05409
書名：射出模設計詳解
日譯：黃錦鐘、歐陽渭城

書號：0287604
書名：材料力學(第五版)
編著：許佩佩、鄒國益

書號：0535401
書名：連續沖壓模具設計之
　　　基礎與應用(第二版)
日譯：陳玉心

書號：0548003
書名：機械製造(第四版)
編著：簡文通

書號：00784
書名：沖壓加工技術資料集
日譯：張渭川

書號：06086
書名：塑膠成型品設計
　　　與模具製作
編著：林滿盈

目 錄

第 7 章　抽製加工

第 8 章　孔凸緣加工

Chapter 1

沖壓製品的加工

本 章 目 標

■ 由沖壓加工製品的加工方法，了解連續模具如何配置位置。

在沖壓加工的模具中，以連續模具的生產性能為最佳，但其模具設計，較為困難。本書試圖以最易理解的方式加以說明。

1-1 沖壓製品及沖壓加工要素

大多數的沖壓加工製品，不能僅靠單一的加工方法來完成，而是要將數種不同的加工方法加以組合，以完成產品的製作。從沖壓製品的角度來看，這些加工方法就是完成製品必須的要素。

其代表者，如圖 1-1 所示。對於圖 1-1 的內容，有人稱之為沖壓加工的分類，亦有稱之為沖壓加工的種類，在此則名為「沖壓加工的要素」。

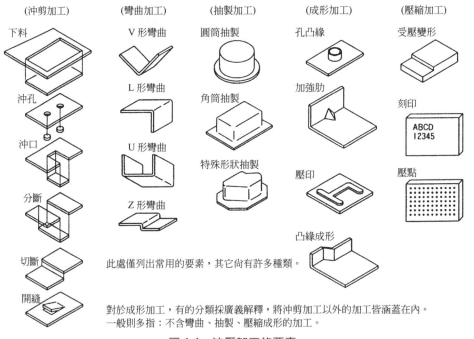

圖 1-1　沖壓加工的要素

在討論沖壓加工製品時，一定要提到該製品是經由何種沖壓加工的要素所製成。在以下的說明時，是以板材加工為假定的前提(除了板材之外，亦有用線材、棒材、管材等)。例如：圖 1-2 所示形狀的物品，一看即可得知其中包括彎曲的要

素。除此之外，亦可看出該物件的輪廓形狀也要處理。所以，此製品須要的加工有：

(1)做出該輪廓形狀的板子 (沖剪加工)

(2)將該輪廓形狀的板子折彎 (彎曲加工)

此製品的沖壓加工要素，即是由「沖剪加工」及「彎曲加工」所組成。

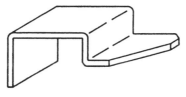

圖 1-2 沖壓加工製品

依照這個例子的方式，將製品形狀區分成沖壓加工的要素，在檢討製品的沖壓加工方法時，對沖壓加工就比較容易理解了。

1-2　沖壓加工要素及加工構造

對應各種沖壓加工的要素，須要有加工出該形狀的加工構造。當我們將沖壓加工製品區分成沖壓加工要素時，其實也正是在選擇其加工構造。沖壓加工要素所對應的基本加工構造，既經多年的應用，誰都可能加以評論。但另一方面，也有些特殊的製品形狀，會不在基本的加工構造範圍內。

這個時候，要不就得下功夫做出新的加工構造，否則就要設法使製品形狀能夠採用標準的加工構造。在認識沖壓加工要素的同時，也必須對加工構造加以理解。

1-3　單工程模具的製品加工

將沖壓加工製品區分成沖壓加工要素後，依各項內容製作模具 (稱為單工程模具或單站模具)、以加工製品的方法 (圖 1-3)，稱為單工程加工 (或單站加工)。

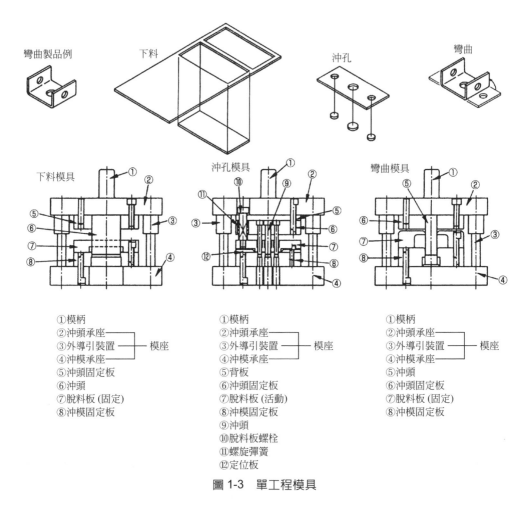

圖 1-3　單工程模具

　　單工程加工通常以人工操作爲前提，單工程模具則可謂：對應於沖壓加工要素、具有標準加工構造的模具。所以，先了解單工程模具之後，在設計連續模具時，對思考連續模具各站的構造有很大的幫助。單工程模具的製品加工，稱得上是沖壓加工的基礎。

　　採用單工程模具的沖壓加工，具有以下的優點：

　　(1)模具容易製作

　　(2)模具的製作費用低

　　(3)模具的製作交期短

⑷各道工程沒有加工方向(材料的內外、前後左右)的限制(加工的自由度高)

缺點則有：

⑴模具的數量增多

⑵各工程間須要做尺寸管制等

⑶模具程序安排的次數增加

⑷各工程間會產生半成品

⑸保管模具佔用的空間大

這種方法在模具製作上很輕鬆，但卻是比較費工的沖壓加工法。

1-4　複合模具的製品加工

　　為了減少單工程加工的工程數目、節省沖壓加工的人工，把分解成沖壓加工要素的內容組合起來，做成一個模具時，雖然模具的製作比較麻煩，但可以縮短沖壓工程。而且，可以用一個工程完成製品的加工。

　　基於這種想法而製作的模具，稱為複合模具。圖 1-4 的模具是代表性的例子。使用複合模具的加工，稱為複合加工 (在模具內同時完成沖壓加工及組裝者，亦稱為複合加工，二者應予區別)。

　　複合加工並不能適用於所有的場合，由於複合之後不能有模具強度上的問題，故對製品形狀有所限制。對於結合外形與孔加工的複合沖剪模，由於同時加工外形及孔，其位置精度可以提高，當加工精度為優先考量時，有採用這種方法者。

　　使用複合模具加工出來的製品，通常仍留在上模內部，須要在加工後將製品由上模中取出，故其特徵是具有頂出 (knockout) 用的零件。

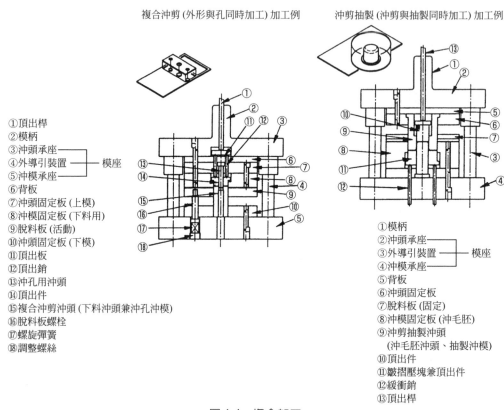

複合沖剪 (外形與孔同時加工) 加工例　　　沖剪抽製 (沖剪與抽製同時加工) 加工例

①頂出桿
②模柄
③沖頭承座 ─┐
④外導引裝置 ├─ 模座
⑤沖模承座 ─┘
⑥背板
⑦沖頭固定板 (上模)
⑧沖模固定板 (下料用)
⑨脫料板 (活動)
⑩沖頭固定板 (下模)
⑪頂出板
⑫頂出銷
⑬沖孔用沖頭
⑭頂出件
⑮複合沖剪沖頭 (下料沖頭兼沖孔沖模)
⑯脫料板螺栓
⑰螺旋彈簧
⑱調整螺絲

①模柄
②沖頭承座 ─┐
③外導引裝置 ├─ 模座
④沖模承座 ─┘
⑤背板
⑥沖頭固定板
⑦脫料板 (固定)
⑧沖模固定板 (沖毛胚)
⑨沖剪抽製沖頭
　 (沖毛胚沖頭、抽製沖模)
⑩頂出件
⑪皺摺壓塊兼頂出件
⑫緩衝銷
⑬頂出桿

圖 1-4　複合加工

1-5 連續模具的製品加工

　　若僅將部分的單工程加工轉換成複合加工，並不能用一個工程完成製品加工的所有工作。但連續 (progressive) 模具則有可能做到。

　　使用連續模具的沖壓加工，稱為連續加工。連續加工的概念是：將製品區分成沖壓加工要素後，將其內容全部組合在一個模具內的模具構造。若採用極端的看法時，也可將單工程模具視做一個整合後的模具。

　　連續模具的例子如圖 1-5 所示。連續加工是使加工及材料的移動反覆進行以完成製品，在工程終站，即為做出成品的加工 (對形狀複雜的製品，亦有用連續加工做容易的加工，將麻煩的加工交給單工程加工處理者：圖 1-6)。

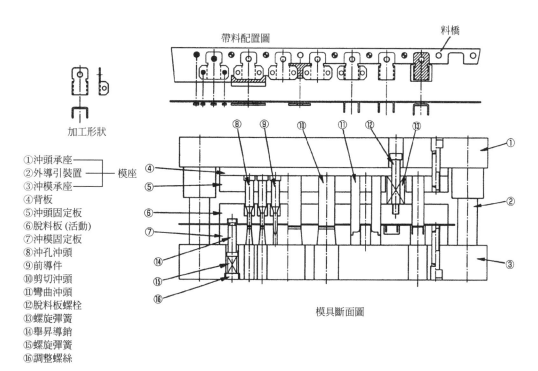

①沖頭承座 ┐
②外導引裝置 ├ 模座
③沖模承座 ┘
④背板
⑤沖頭固定板
⑥脫料板 (活動)
⑦沖模固定板
⑧沖孔沖頭
⑨前導件
⑩剪切沖頭
⑪彎曲沖頭
⑫脫料板螺栓
⑬螺旋彈簧
⑭舉昇導銷
⑮螺旋彈簧
⑯調整螺絲

圖 1-5　彎曲連續模具

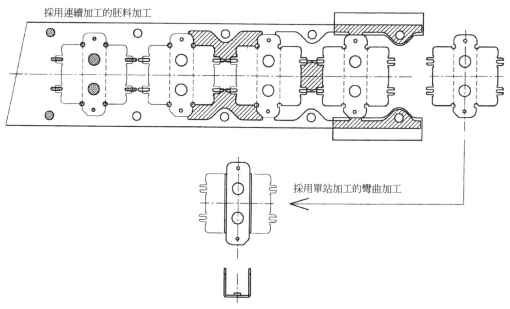

圖 1-6　連續加工與單站加工的組合加工

　　模具內進行加工的部位，稱為「加工站」。材料的移動稱為「材料進給」，材料的移動距離稱做「進給節距」或「進給長度」。配置的方法是將加工站依進給節距排開，於模具強度變弱處，則採跳空處理。跳空的站，稱為「空站」。

　　連續加工的製品(胚料)藉材料相連接，使材料進給得以進行。用來連接前後製品的材料部分，稱為「料橋」。如果沒有經過特別處理的話，製品的方向無法中途改變(反轉)。而且，為了在加工站設定製品的正確位置，須要有前導件。

　　當加工站的沖壓加工要素內容與單工程加工相同時，該部分的構造大體可視為相同。此時，單工程模具的構造知識就派得上用場。連續加工的重點則是考慮材料的進給、定位、加工的均衡性，以進行模具設計。有人將連續加工稱為自動加工，但用人工送料的方式亦可以進行加工。

　　這種加工方法稱為「人工連續送料」。在生產數量較少時，基於縮短工程的理由而製作連續模具，使用分切好的材料，以人工連續送料的方式加工，由於沒有半成品產生，工程管理比較輕鬆，故採用這種方式的情形也在增加當中。

　　缺點是模具製作費用比單工程製作者高，材料利用率亦差。採用與否取決於管理的角度、模具的程序安排、與單工程加工工時的比較。至於連續加工等於自動加工的想法，則是不正確的。由於線切割放電加工機的普及，連續模具的製作已變得很簡單。當我們想到生產性能高的連續加工時，瓶頸其實是在連續模具的設計上。

Chapter **2**

下料加工與模具的構造

本 章 目 標

- 了解下料加工的基本條件設定。
- 了解下料模具的標準構造及構成零件的機能。

下料加工被用來做出沖壓加工製品的輪廓形狀，也常稱做沖外形、沖毛胚等。當人們想到沖壓模具時，第一個提起的也是這種模具。

2-1 下料加工

下料加工如圖 2-1 所示，是由材料中做出所須的輪廓形狀。有時，這個形狀直接就是所要的製品，也有的是做為彎曲或抽製加工前的素材使用 (此稱為胚料)。

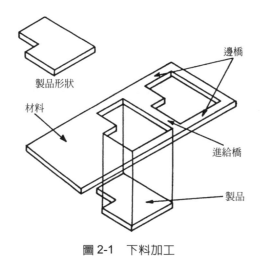

圖 2-1 下料加工

2-2 下料加工與模具

1. 直接加工用的模具零件

下料加工的動作如圖 2-2 所示，使用的工具形狀做成與要加工的形狀相同。將材料沖出的工具，稱為沖頭，對應的承受側工具稱做沖模。這類的模具零件稱為一次機能零件。由於沖頭及沖模須要具備硬度及耐磨耗性，故採用工具鋼 (一般多為特殊工具鋼：SKS 3、模具鋼：SKD 11 等) 經熱處理 (淬火硬度：約 H_RC 60) 後使用。

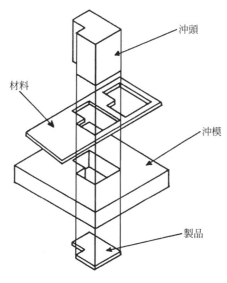

圖 2-2　一次機能零件

2. 間接須要的模具零件

　　下料後的製品穿過沖模掉下來，被下料過的材料則仍留在沖頭上，此如圖 2-3(a)所示。若將此材料逐次取下，會頗為費事，故採用脫料板，其目的就是將附在沖頭上的材料拿下來。

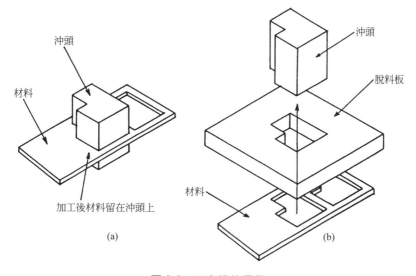

圖 2-3　二次機能零件

　　進行加工時，沖頭先穿過脫料板對材料進行加工。加工之後，附在沖頭上的材料則被脫料板扒落下來 (參考圖 2-3(b))。如脫料板之類，即使沒有也可以進行加工的零件、但裝設上卻可使沖壓加工容易進行者，稱為二次機能零件。

　　由於脫料板的目的是將材料扒落下來，就算不做熱處理也可以，但若經過多次加工使用，仍會有變形或磨耗發生，用在生產多量產品的模具時，還是要做熱處理後再使用。不做熱處理時，使用的材質是機械構造用鋼 (S50C)，須要熱處理時，則常採用特殊工具鋼 (SKS 3)。

3. 定位用零件

　　將待加工的材料放在沖頭、沖模的中間加工時，若材料位置沒有導引好，會有可能發生加工偏差或造成材料浪費。因此，要裝設如圖 2-4、引導材料用的導塊及定位銷。

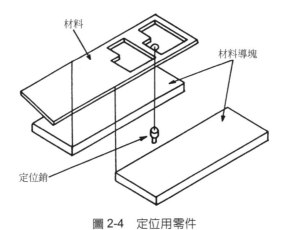

圖2-4　定位用零件

4. 模具構造

　　將前面說明過的主要零件組合起來，就成為圖 2-5 所示形狀的模具構造。此形狀為下料模具的標準樣式。其中所謂沖模固定板的零件，在此指的是形成沖模的板子。材料導塊及定位銷裝在沖模固定板上，其上方再固定脫料板。

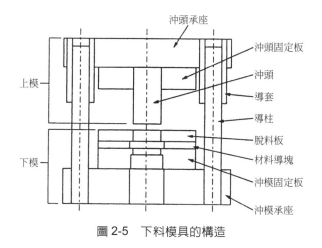

圖 2-5　下料模具的構造

　　由於此種構造的特徵，使這種模具構造稱做「固定脫料板結構」。在比較小形的模具時，多將材料導塊與脫料板做成一體。

　　大形沖頭時，會直接安裝在沖頭承座上，小形者則如圖 2-5 所示，裝在沖頭固定板內再進行安裝。由此可知，沖頭固定板就是用來固定沖頭的零件。

　　沖頭承座及沖模承座則是用來將模具安裝在沖床上的零件。

　　模具分為上模及下模。下模被固定在沖床上不動，上模則會上下運動。若沖頭與沖模沒有放在正確的相關位置時，製品加工就會發生問題，為了確保正確的關係位置，須要使用導柱及導套。將導柱、導套、沖頭承座、沖模承座一體化，做成單元者，稱為「模座」，在市面上有銷售。

2-3　下料加工的條件

　　下料加工及模具的概要已說明如上，應該可以理解。在執行實際的加工時，還須要對模具進行詳細的條件設定。

1. 進給橋及邊橋

　　進行下料加工時，材料須要準備的多餘部分稱為「橋」(參考圖 2-1)。橋的裕度取大時，可以順利地進行下料加工，但會有較多的材料被浪費。相反地，橋的寬度取得太小時，造成製品不順、做出不合格件的可能性就會增高。考慮到這種

情況，故訂定出橋寬的最小值 (參考圖 2-6)。

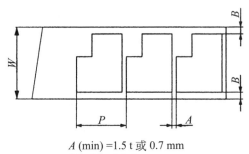

A (min) =1.5 t 或 0.7 mm
B (min) =1.5 A
P ：進給節距
W ：材料寬度

圖 2-6　進給橋及邊橋

　　由下料加工的形狀及橋寬，可以計算出材料寬度 (W) 及進給節距 (P)，但在決定材料寬度及進給節距的數值時，最好取爲整數、或 0.5mm 之類容易分割者。

2. 橋寬與材料導塊的關係

　　材料導塊與材料寬度間，必須具備某種程度的餘裕，使材料可以輕鬆地移動 (圖 2-7)。因此，考慮到材料的分切誤差，須要取爲比材料最大值還要更大的寬度。

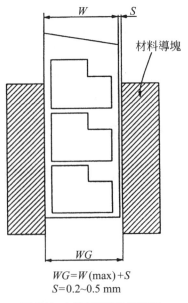

材料導塊

$WG = W$ (max) $+S$
$S = 0.2 \sim 0.5$ mm

圖 2-7　材料與導塊的關係

此時，必須考慮當材料寬度為最小值時的狀態。由於材料導塊的寬度與材料間的餘隙變大，若材料靠在材料導塊的單邊時，邊橋寬度就可能切成最小值。但即使出現這種情況，也必須使邊橋寬度能在最小值之上。當材料分切的誤差大時，須要將邊橋設定值加大。

3. 下料形狀的排列

下料形狀 (胚料) 的排列，須要設法使材料沒有浪費發生。此稱為胚料配置 (放樣)。(圖 2-8)

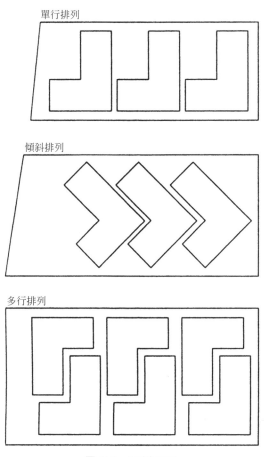

圖 2-8　胚料配置

標準形式為單行排列，但胚料的形狀可能造成廢料面積加大，使浪費的材料

增多。這種情況時，若採用傾斜排列、或多行排列等方式，可設法減少產生的廢料。

最好是做出數種的胚料配置方式，由其中選出材料寬度與進給節距的乘積為最小者。

4. 沖頭、沖模與餘隙

下料加工時，沖頭與沖模間必須具有稱為餘隙的間隙。餘隙的最佳值依材質而定 (表 2-1)。餘隙係以材料板厚的百分比來表示。

表 2-1　沖剪加工的餘隙(t×%)　　(單位：%)

材　質	精　密	一　般
軟鋼	2~5	6~10
硬鋼	4~8	9~13
矽鋼板	4~6	7~12
不銹鋼	3~6	7~11
銅	1~3	4~7
黃銅	1~4	5~10
磷青銅	2~5	6~10
銅鎳鋅合金	2~5	6~10
鋁 (軟)	1~3	4~8
鋁 (硬)	2~5	6~10
高導磁鐵鎳合金	2~5	6~8

沖頭、沖模與沖剪尺寸的關係如圖 2-9 所示。被下料進入沖模內的材料，其尺寸與沖模尺寸幾乎相同，至於插著下料沖頭的材料孔徑，則與沖頭尺寸幾近相同。因此，下料加工的沖模尺寸要加工成與製品尺寸相同，沖頭則要做小一圈以得出餘隙。

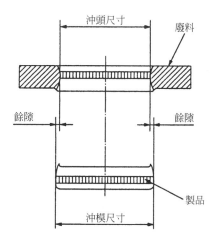

圖 2-9　沖頭、沖模與餘隙的關係

下料後的材料切口如圖 2-10 所示，由擠壓面、剪斷面、撕斷面及毛邊所形成。量測沖壓加工的製品時，是量測其剪斷面。毛邊是有害處的形狀，但在一般的沖剪加工中並無法予以消除。

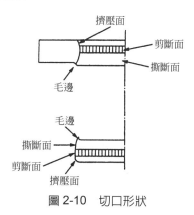

圖 2-10　切口形狀

餘隙小時，剪斷面會變寬，反之則變窄。此外，剪斷面的表面粗糙度與沖模側面的表面粗糙度成正比 (下料時，沖的孔則與沖頭側面的表面粗糙度成正比)。

5. 彎曲與沖模斷面

下料加工時，材料會產生如圖 2-11 所示的變形。這是由於材料在下料加工時受到彎曲力矩的作用所致。當脫離沖模後，此彎曲量會因彈回作用 (在材料內部

發生回復原狀的現象) 而多少有些復原,但不會完全回復。此彎曲現象可稱之爲下料加工的宿命。由於彎曲量會因沖模對材料產生的拘束狀態而異,故最好使拘束儘量減少。因此,沖模的斷面要在某個位置之後逃掉,使沖模內的材料容易通過。

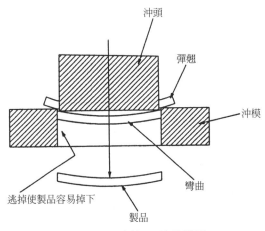

圖 2-11 下料加工時的變形

這不止用做爲彎曲的對策,也是防止材料卡在沖模內部、造成故障的對策。沖模斷面逃掉的方法,請參考構造設計中、沖模設計該項的說明。

沖模上側的材料會往上翹,變成纏住沖頭的形狀。下料加工時,此部分爲橋寬的部分。橋寬較窄的話,纏住的現象會變得較嚴重,使得拉進沖模內的作用力增強,切口面的餘隙與設定值不同,毛邊亦隨之加大。沖頭、沖模很快就會刮傷。

6. 下料加工力

下料所須的加工力,其求法如下所示:

$$P = 0.8 \cdot \sigma_B \cdot L \cdot t$$

P:下料加工力

σ_B:抗拉強度

L:下料周長

t:板厚

例題　參考圖 2-12

$L = 2(20 + 25) = 90$

$\sigma_B = 40$

$t = 1.0$

$P = 0.8 \times 40 \times 90 \times 1 = 2880 \ (\text{kg})$

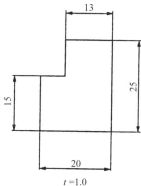

$t = 1.0$

材料的抗拉強度 ($\sigma_B = 40 \ \text{kg/mm}^2$)

圖 2-12　加工力計算例圖

Chapter **3**

沖孔、沖口加工與模具構造

本 章 目 標

- ▪ 了解沖孔、沖口加工。
- ▪ 了解活動脫料板模具結構的特徵及細節。
- ▪ 了解模具零件的機能。

3-1 沖孔加工

　　沖孔 (雖亦常稱為開孔，但為了與切削加工等的孔加工可明確區別起見，採用沖孔的名稱) 加工在單工程沖壓加工時，通常採用的順序是：胚料加工→沖孔加工 (圖 3-1)。沖孔加工與下料加工同為沖壓加工的基本要素，在此將對其細節進行了解。沖口加工與沖孔經常同時處理，亦一併加以說明。

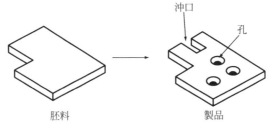

圖 3-1　沖孔加工

3-2 沖孔、沖口加工的條件

1. 製品尺寸與沖頭、沖模尺寸

　　經由沖孔、沖口加工所沖出的材料，皆為廢料。廢料穿過沖模掉下，製品則留在沖模上方。其製品與廢料的關係，與下料恰好相反。因此，要使孔尺寸＝沖頭尺寸。沖模則要加上餘隙的量，設定為加大一圈的值 (圖 3-2)。餘隙及沖模逃掉處與下料加工的條件相同即可。

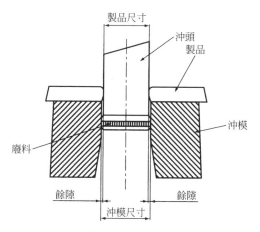

圖 3-2　沖孔製品尺寸與沖頭、沖模的尺寸

2. 沖孔加工及變形

(1)側向力的影響

　　沖剪加工時，除了剪斷力之外，還有由材料產生的側向力在作用 (圖 3-3(a))。由於這種影響之故，孔外圍的材料會在弱的部分被擠出來，使孔發生變形 (孔與輪廓、孔與孔的關係等) (圖 3-3(b))。側向力大小大致上的標準如表 3-1 所示。此側向力會隨材料的材質、餘隙及切刃的狀態 (磨耗的程度) 而變動。一般可以取下料負荷的 30%當做最大值。

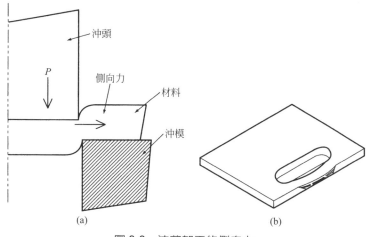

圖 3-3　沖剪加工的側向力

表 3-1　沖剪側向力的大致標準 (最大值)

材　　　料	下料力的比例
鋼　　　板	30%
矽　鋼　板	20%
黃　銅　板	25%
銅　　　板	20%
純　鋁　板	10%

對這個問題可以採用以下的對策：

①把孔挪到不會發生變形的區域 (圖 3-4(a))

②對變形區域加支撐 (圖 3-4(b))

③增加材料的受壓能力 (圖 3-4(c))

等等。

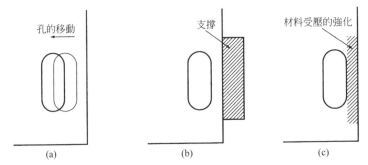

圖 3-4　孔的變形對策 (側向力對策)

(2)彎曲力矩造成的影響

由於孔的外圍部位弱，再加上彎曲力矩的影響，會使該部位產生扭曲。餘隙越大時，出現的扭曲就越大。此現象與下料加工的橋寬問題相同。因此，為了辨別是否會發生扭曲，以下料加工的橋寬最小值做為大致的標準。

側向力及彎曲力矩的影響方面，當弱的部分長度短時，側向力的影響會變大。長度長時，由於彎曲力矩的影響，成為與側向力複合的形式，會

出現大的變形。

其對策方面有：

①加大弱的部位的寬度

②強化弱的部位的材料受壓能力

(3)由於孔與孔相近而使擠壓面及板厚減小

加工相接近的孔 (邊界區域的尺寸在 1.2 t 以下) 時，其邊界區域與左右的孔的擠壓面相連接，除了使平坦部分變不見之外，還會發生板厚變薄的不良狀況 (圖 3-5)。

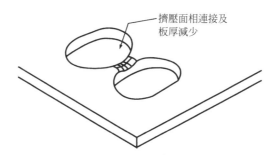

圖 3-5　由於孔相接近導致的變形

其原因來自於剪斷加工的特性，難有對策。

若要加以說明，要從沖頭接觸到材料之後，沖頭下面的材料受到壓縮作用說起。此時，沖頭外圍的材料受到拉向沖頭方向的作用力，在材料上形成波狀變形的擠壓面 (圖 3-6)。孔相接近時，邊界區域的材料會向兩側發生波狀變形，除了擠壓面互相連接外，也造成板厚的減少。

與此變形問題相關的內容不止發生在沖孔加工而已，對沖口加工等的沖剪加工亦涵蓋在內，為共通性的問題。因為由沖孔加工來解釋比較容易了解，故在此處說明。

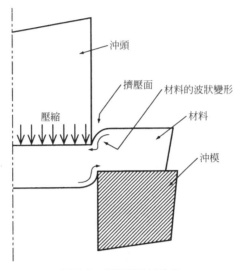

圖 3-6　擠壓面的形成

3. 沖口與胚料形狀

　　沖口加工是將輪廓的局部形狀沖出開口的加工。這種加工應用在何種場合，係如圖 3-7 所示之類，當下料形狀有某種數值以上的凹凸形狀，使下料加工的沖頭或沖模強度不足，造成加工困難。這種狀況時，先將胚料形狀加工成圖 3-8(a) 的樣式，再進行圖 3-8(b)所示的沖口加工。在單工程加工時，這類沖口加工常被組在沖孔模具中一併進行加工。

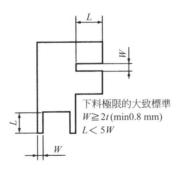

圖 3-7　有凹凸的下料形狀

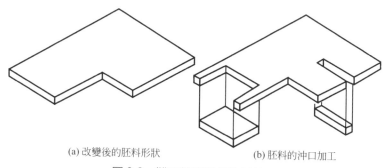

(a) 改變後的胚料形狀　　　　　(b) 胚料的沖口加工

圖 3-8　難下料形狀的沖口加工

3-3　沖孔加工的工程設計

1. 胚料與沖孔的關係

　　沖壓製品在外觀或品質方面，都希望使輪廓、孔、沖口部分的毛邊朝向相同方向。圖 3-9 所示，為下料加工、沖孔及沖口加工中，毛邊方向的關係。要使輪廓與孔的毛邊方向一致，須如圖 3-9(c)所示，將胚料在下料加工時沖模側的面，轉成沖孔加工時的沖頭側，以進行加工。

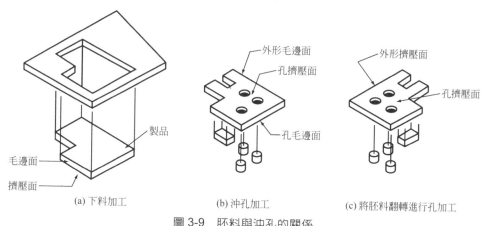

(a) 下料加工　　　　　(b) 沖孔加工　　　　　(c) 將胚料翻轉進行孔加工

圖 3-9　胚料與沖孔的關係

2. 多個孔的工程分解

　　孔的數目變多時，用一次的沖孔加工來完成，可能會在模具強度方面發生困

難。此時，就必須將孔加工分成多道工程來進行 (這類將加工分割的工作，稱為工程分解)。孔加工的工程分解，其注意事項如下：

(1)須要具備相關精度的孔，放在一起加工。用一套模具進行加工時，

　　孔的相關精度＝模具精度

　將工程分割以進行加工時，

　　孔的相關精度＝模具精度＋胚料定位精度

　故製品精度會變差。

(2)將相接近的孔分到不同的工程，可減少模具破損。

(3)有精度的孔與一般的孔相接近時，把須要精度的孔放在後段工程進行加工。使孔的變形加在影響不大的一般用孔，是維持製品精度的辦法。

3. 孔加工與彎曲的關係

沖壓加工通常採用：胚料加工→孔加工→彎曲加工的進行方式，但須要相關精度的孔若位在彎曲部位的兩側時，考慮到彎曲造成尺寸精度的變動，最好在彎曲後進行孔加工 (圖 3-10)。

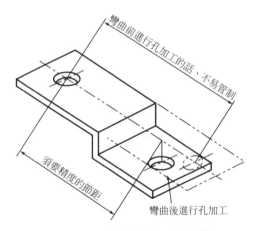

圖 3-10　彎曲與孔加工的關係

3-4　沖孔模具的構造

1. 固定脫料板結構的沖孔模具

如圖 3-11，使用與下料模具相同的固定脫料板，也可以進行沖孔加工。用這種構造進行加工時，孔周圍的材料要足夠。當不要求面精度 (平坦度) 時，很多製品採用這種方式。理由是：受到加工的彎曲力矩或脫模影響時，會有變形發生。

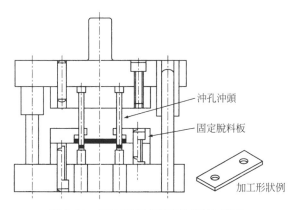

沖孔沖頭
固定脫料板
加工形狀例

圖 3-11　固定脫料板結構的沖孔模具

2. 活動脫料板結構的沖孔模具

在加工時，將胚料壓住，使不產生變形的加工方式，是針對固定脫料板結構加工時的問題加以防止。模具構造如圖 3-12 所示。由圖可知，脫料板裝在上模，藉脫料板螺栓及彈簧保持脫料板的位置。固定脫料板只具有將材料由沖頭上扒下來 (脫模) 的機能，活動脫料板則再加上將材料壓住的第二道機能構造。

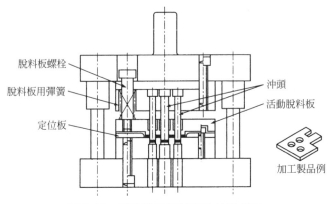

圖 3-12 活動脫料板結構的沖孔模具

　　這種模具構造的缺點是，藉脫料板將材料壓住時，沖模表面或脫料板表面若有凹凸或污垢，會在製品上留下缺陷。使用這種模具構造時，須要留意模具的清理及維護。

(1)彈簧力

　　使用固定脫料板時，不須注意脫模力，但活動脫料板是靠彈簧力進行脫模，故須要知道脫模所須的力量，以設定脫料板的彈簧壓。

　　脫模力的大小約是沖剪加工力的 5%。將此值視為最小值，以選擇彈簧。當須要製品的面精度時，彈簧壓須要有沖剪加工力的 20~30%左右，若壓住材料的目的在防止孔或孔周圍的變形時，也有將彈簧壓設定成與沖剪負荷相同、或更大者。

3-5　活動脫料板結構的細節

1. 活動脫料板的構造與合刃

　　說到模具，就讓人想到圖 3-13 所示的模座 (將圖 3-13 的 5、10、14、15 零件做成單元的產品名稱) 形式，而模具又分為上模及下模，以兩者成對的方式使用。使用模具時，下模安裝在沖床的底座上，上模安裝在沖床的滑座上。將模具安裝在沖床上時，要進行沖頭與沖模的餘隙套合。此作業稱為「合刃」或「合模」。將模具安裝在沖床上的一系列工作，稱為「模具安裝」。

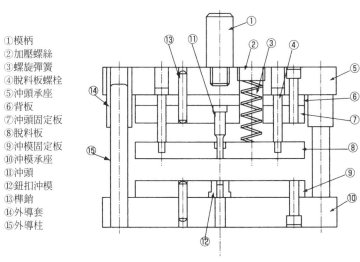

①模柄
②加壓螺絲
③螺旋彈簧
④脫料板螺栓
⑤沖頭承座
⑥背板
⑦沖頭固定板
⑧脫料板
⑨沖模固定板
⑩沖模承座
⑪沖頭
⑫鈕扣沖模
⑬樺銷
⑭外導套
⑮外導柱

圖 3-13　標準的活動脫料板模具結構

　　此工作若執行不熟練，合刃時會將沖頭、沖模撞在一起，使切刃受損，或是產生不出均勻的餘隙。為了消除這種問題，預先做好合刃的工作，可以使模具安裝容易進行。為了這個目的而使用的是導套 (零件 14)、導柱 (零件 15)，合稱為「合刃導引裝置」。

　　在活動脫料板結構的模具中，合刃導引裝置的任務非常重要。理由是：在固定脫料板結構的模具中，沖頭插入沖模中不會碰到任何阻礙，但在活動脫料板結構時，因為脫料板的後面有裝彈簧，不將彈簧壓縮的話，沖頭與沖模不能進行合刃 (圖 3-14)。其使用目的就是在迴避這種狀態。

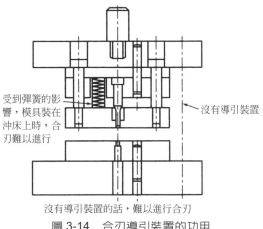

受到彈簧的影響，模具裝在沖床上時，合刃難以進行

沒有導引裝置

沒有導引裝置的話，難以進行合刃

圖 3-14　合刃導引裝置的功用

圖 3-13 所示的合刃導引裝置，位置在構成模具的板子外側，故稱為「外導引裝置」。為了用外導引裝置保持沖頭、沖模間的關係，須要用榫銷 (零件 13：為了防止模具零件的位置偏移，而使用的壓入銷) 在相關位置間連接固定。

(1)外導引裝置的形式

外導引裝置的基本形式如圖 3-15 所示。以滑動軸承式為最基本的形式，但在模具變大時，合刃會變得難以執行。使用滾珠軸承式的目的，在使滑動運動可以平滑進行，但缺點是對橫向負荷或偏心負荷(負荷的中心位置偏離模具中心的狀態) 的承受能力差。

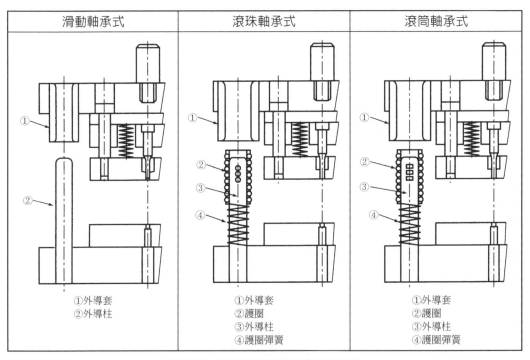

圖 3-15　外導引裝置的形式 (基本形)

針對偏心負荷的對策，是將滾珠改變成滾筒的滾筒軸承式。

為了防止護圈跑出來，多使用如圖 3-16 所示、附有護圈止動片的產品。

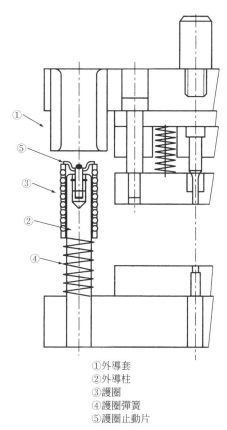

①外導套
②外導柱
③護圈
④護圈彈簧
⑤護圈止動片

圖 3-16　附護圈止動片的構造

(2)外導引裝置的配置

外導引裝置的使用支數、及如何配置，會改變合刃的精度 (圖 3-17)。這要由模具的大小及使用條件來決定。

C形 (中央導柱式)		B形 (後側導柱式)	
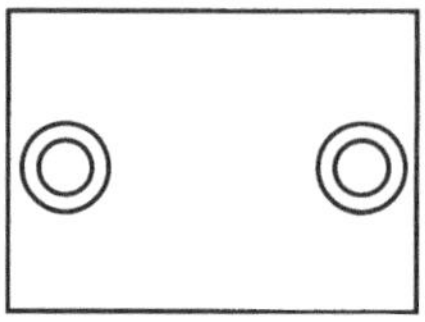	由於導柱中心與模具的加工中心一致，承受偏心負荷的能力強。 適合小形模具使用。 常用於單站加工用的模具。	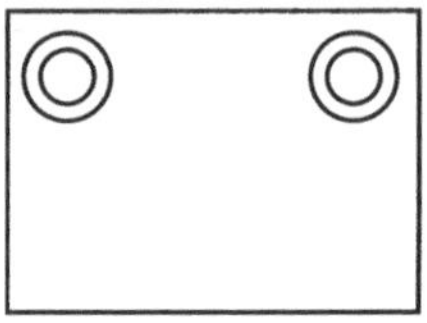	由於3方向是開放的，故使用方便。 因導柱位於後側，前側有下傾的傾向，模具精度有問題。 多用在單站模具或自動模具。 不適合大形模具使用。
D形 (對角導柱式)		F形 (四角導柱式)	
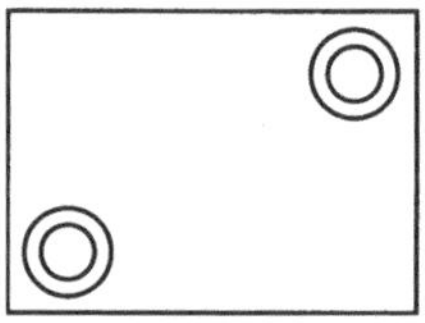	在沒有導柱的方向上，承受偏心負荷的能力弱。 多用在小形連續模具。	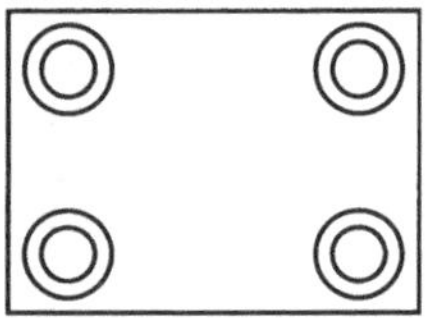	由於四角有導柱，承受偏心負荷的能力強。 單站加工用的模具時，導柱會造成阻礙，使用不便。 適用於連續模具或精度優先者。 導柱與導套的加工精度差時，容易卡在導柱上。

圖 3-17　模座導柱 (外導引裝置) 的配置

2. 脫料板螺栓

　　脫料板螺栓除了使脫料板能夠活動外，其使用目的還包括限制活動量。脫料板螺栓的長度設定為：使脫料板下緣距沖頭前端約低 0.5 至 1 mm。使得只要稍微壓到材料，就會開始進行加工。常用的脫料板螺栓形狀，為圖 3-18 所示者。

　　外螺紋式的脫料板螺栓是最標準的形式。細的螺栓容易在螺紋起始處破損。使用內螺紋式的脫料板螺栓，多是出自與模具分解、或組裝有關的考量。套筒式的脫料板螺栓常用在粗的彈簧、或高精度的模具時。細的套筒式螺栓在用力鎖緊螺紋時，套筒會彎掉，是其缺點。

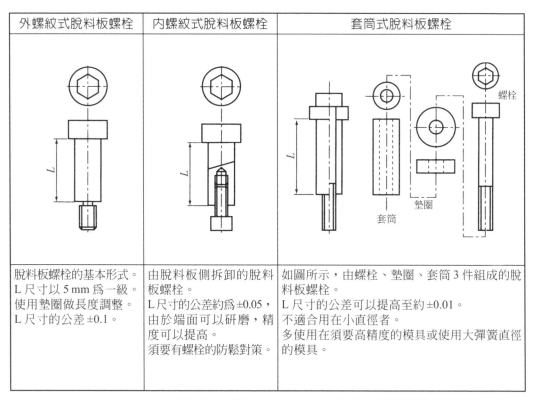

外螺紋式脫料板螺栓	內螺紋式脫料板螺栓	套筒式脫料板螺栓
脫料板螺栓的基本形式。 L 尺寸以 5 mm 爲一級。 使用墊圈做長度調整。 L 尺寸的公差 ±0.1。	由脫料板側拆卸的脫料板螺栓。 L 尺寸的公差約爲 ±0.05，由於端面可以研磨，精度可以提高。 須要有螺栓的防鬆對策。	如圖所示，由螺栓、墊圈、套筒 3 件組成的脫料板螺栓。 L 尺寸的公差可以提高至約 ±0.01。 不適合用在小直徑者。 多使用在須要高精度的模具或使用大彈簧直徑的模具。

圖 3-18　活動脫料板結構的模具中，使用的脫料板螺栓形式

3. 活動脫料板用彈簧的使用法

在活動脫料板結構中，脫模力及材料壓緊力係靠彈簧產生。最常使用的彈簧是螺旋彈簧，但也有使用尿烷(Urethan)彈簧或盤形彈簧者。在螺旋彈簧種類少的年代，當須要的壓力大時，經常採用尿烷彈簧，但現在螺旋彈簧的種類增加，可以適用於多種條件，管理也容易，故以使用螺旋彈簧爲主流。

盤形彈簧不能提供大的撓曲量，但可以用不同的組合方式得到各種彈簧特性。由於可以產生強大的彈簧壓，常使用在特殊的沖剪加工中。

以下面的例子說明螺旋彈簧的使用法 (設計順序) (圖 3-19)：

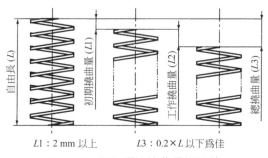

L1：2 mm 以上　　　L3：0.2×L 以下為佳

圖 3-19　螺旋彈簧撓曲量的設計

(1)求出須要的負荷 (材料壓緊負荷或脫模負荷)。

(2)由模具的大小，估計彈簧個數 (通常為 4、6、8 等的偶數)。

(3)求出單一彈簧所受的負荷。

(4)估算彈簧的直徑。

(5)查型錄，求出彈簧常數、以及對應於所須負荷的撓曲量(初期撓曲量)。此時，加工所須的脫料板可移動量 (工作撓曲量) 亦已決定，可求出總撓曲量。總撓曲量約為自由長度的 20%，由此求得彈簧長度 (總撓曲量增大時，彈簧壽命會變短)。

(6)檢討彈簧的安裝方法 (圖 3-20)。由彈簧的撓曲量、組裝的難易度、模具加工工時，判斷決定彈簧的安裝方法。

(7)經過以上的檢討，若估算的彈簧個數、直徑有問題，則再重覆檢討，以決定出可適用的彈簧。

以上為彈簧設計的考慮法。

彈簧配置要使脫料板能均勻受壓。

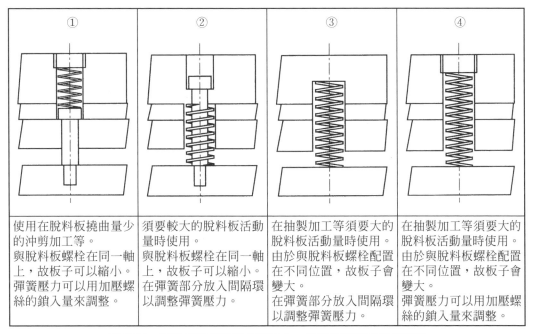

①	②	③	④
使用在脫料板撓曲量少的沖剪加工等。 與脫料板螺栓在同一軸上，故板子可以縮小。 彈簧壓力可以用加壓螺絲的鎖入量來調整。	須要較大的脫料板活動量時使用。 與脫料板螺栓在同一軸上，故板子可以縮小。 在彈簧部分放入間隔環以調整彈簧壓力。	在抽製加工等須要大的脫料板活動量時使用。 由於與脫料板螺栓配置在不同位置，故板子會變大。 在彈簧部分放入間隔環以調整彈簧壓力。	在抽製加工等須要大的脫料板活動量時使用。 由於與脫料板螺栓配置在不同位置，故板子會變大。 彈簧壓力可以用加壓螺絲的鎖入量來調整。

圖 3-20　活動脫料板結構的模具中，脫料板用彈簧的使用法

4. 有脫料板時，沖頭導引裝置與脫料板的動作

關於活動脫料板在脫模及壓住材料方面的作用，已在前面說明過了，另外還有一項用途，也是許多模具在採用時會考慮的。

那就是：用脫料板的孔做為細沖頭或前導件頭端的導引 (圖 3-21(a)：被稱為脫料沖頭導引裝置、脫料導引裝置、沖頭導引裝置等)，藉以達到防止沖頭破損、或改進沖頭與沖模關係的目的。當脫料板具備這種目的時，就不可以使脫料板發生如圖 3-21(b)所示的傾斜或側偏。如果發生這種情況，模具的壽命就會變短。若只用脫料板螺栓來保持脫料板的位置，可說一定會發生傾斜或側偏。

其對策是：使用圖 3-22 所示的導柱 (亦稱為導銷)，做為脫料板的導引，以限制脫料板的動作。這種導引裝置稱為內導引裝置 (輔助導引裝置、脫料導引裝置)。圖 3-22 的內導引裝置數量為 2 支時，僅具有脫料板動作對策的機能，若數量為 3 支時，這種附加構造與外導引裝置共同具有保持上模、下模關係的功用。現在最常使用的，就是在沖頭固定板上固定 3 支導柱的構造方式。

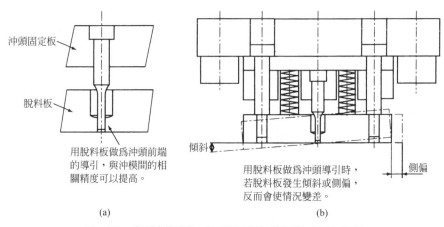

沖頭固定板

脫料板

用脫料板做為沖頭前端的導引，與沖模間的相關精度可以提高。

(a)

傾斜

側偏

用脫料板做為沖頭導引時，若脫料板發生傾斜或側偏，反而會使情況變差。

(b)

圖 3-21　有脫料板時，沖頭導引裝置與脫料板的動作

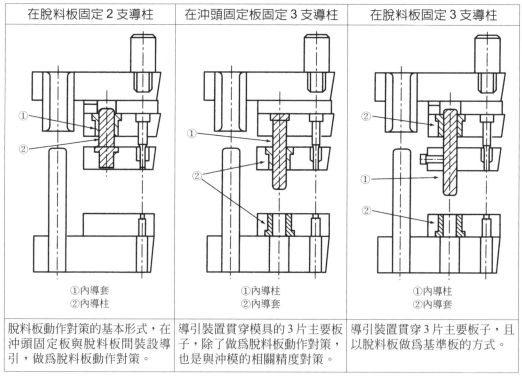

在脫料板固定 2 支導柱	在沖頭固定板固定 3 支導柱	在脫料板固定 3 支導柱
①內導套 ②內導柱	①內導柱 ②內導套	①內導套 ②內導柱
脫料板動作對策的基本形式，在沖頭固定板與脫料板間裝設導引，做為脫料板動作對策。	導引裝置貫穿模具的 3 片主要板子，除了做為脫料板動作對策，也是與沖模的相關精度對策。	導引裝置貫穿 3 片主要板子，且以脫料板做為基準板的方式。

圖 3-22　內導引裝置的形式 (基本形)

圖 3-22 所示形狀的導柱及導套，是為了說明其機能而示意者，實際上依導柱

及導套的固定方法做區分，其種類有許多變化。

3-6　模具構成零件的機能

關於模具中最常使用的 2 種模具結構 (固定脫料板結構、活動脫料板結構)，已經就沖毛胚、沖孔加工的相關部分加以說明，此處則對模具構成零件的機能做一整理 (圖 3-23)。( )內表示為同義詞或補充說明。

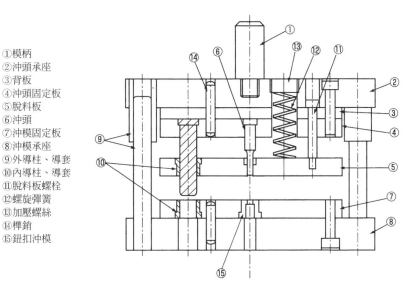

①模柄
②沖頭承座
③背板
④沖頭固定板
⑤脫料板
⑥沖頭
⑦沖模固定板
⑧沖模承座
⑨外導柱、導套
⑩內導柱、導套
⑪脫料板螺栓
⑫螺旋彈簧
⑬加壓螺絲
⑭樺銷
⑮鈕扣沖模

圖 3-23　改善脫料板作動精度的模具構造

(1)模柄

　　將上模安裝在沖床滑座用的零件。多可適合於加壓能力達 40 t (大致標準) 程度的沖床模具來使用 (超過時，用模柄固定會有危險)。

(2)沖頭承座

　　維持上模構造的板子。用來將上模安裝在沖床上的部分。有的具有彈簧安裝空間的調整部分。

(3)背板

　　承受沖頭、嵌合件 (插入件：其他組在板子上的零件) 零件產生的軸向壓

力的板子。如果沒有這塊板子，沖頭等零件可能會壓陷在承座內。

⑷沖頭固定板

固定沖頭用的板子。基本上，是用來保持沖頭垂直及位置正確性的零件。用脫料板做為沖頭前端導引的模具設計中，有時會將沖頭固定板的孔稍微加大，讓沖頭鬆鬆地插入(這種形式稱為自由式沖頭設計)。

⑸脫料板

有下模固定脫料板(固定脫料板)、上模活動脫料板(活動脫料板)及下模活動脫料板。除了將留在沖頭上的材料扒出的功用，加工時還可壓住材料、防止變形，亦可做為加工的輔助(彎曲、抽製、成形加工時)。並可擔任沖頭或前導件頭端的導引，以提高模具精度、延長壽命。

⑹沖頭(公模)

基本做法是做成與製品相同的形狀，在壓住材料後、將形狀複製(輪廓形狀：沖剪；立體形狀：成形)出來的模具基本零件。

⑺沖模固定板(沖模、母模)

做為沖頭承受側的模具基本零件。構成沖頭承受側部分(沖模)的板子。

⑻沖模承座

固定下模構成零件的板子。用來將下模安裝在沖床上的部分。組在下模上的彈簧的調整部分。調整進給裝置的進給線高度(進給高程：使用進給裝置送料時，由沖床的底座到材料的距離)及模具的進給線高度的部分。

⑼外導柱、導套

裝設在沖頭承座、沖模承座之間的合刃用導引裝置。主要分為埋入板內的型式、及用凸緣安裝在板上的型式。導引形式有滑動式及滾珠導引式。

⑽內導引裝置(輔助導引裝置、脫料導引裝置)

位於沖頭固定板、脫料板、沖模固定板內，使用目的為限制脫料板的動作、做為模具動態精度(模具裝在沖床上進行加工時的精度。有模具及沖床的動態精度。對應詞：靜態精度)的對策、做為組裝基準等。

⑾脫料板螺栓

用來保持活動零件位置及限制其運動的零件，主要可分為外螺紋式、內螺紋式、套筒式 3 種。

⑿脫料板用彈簧

用來對活動脫料板施加壓力。

⒀加壓螺絲 (調整螺絲)

組裝彈簧時的蓋子。用來調整彈簧的撓曲量。

⒁樺銷

用來決定零件位置、防止位置偏移的零件。

⒂鈕扣沖模

做成圓形、插入沖模固定板的嵌合件。

⒃材料導引裝置

材料導引裝置是限制材料或胚料位置的零件，主要分為板及銷的形式。在沖毛胚模具或連續模具中，主要是限制材料寬度方向偏移的材料導塊 (導軌)，在沖孔模具等則用來做胚料的位置限制。

⒄定位銷

在沖毛胚加工等，不使用進給裝置而是用人工送料加工時，用來限制材料進給方向移動量的零件。

除了以上之外尚有其他的模具零件，前面整理的是目前為止有出現的項目。

連續沖壓模具設計之基礎與應用

Chapter **4**

沖孔・沖外形的連續模具

本 章 目 標

- 了解沖孔・沖外形的配置方法。

- 了解固定脫料板結構連續模具的注意點。

- 以具體例子了解連續模具的圖面。

　　沖孔‧沖外形的連續加工是最容易的部分。下面要由這些加工法學習配置設計的基本事項。

4-1 配置設計

1. 製品圖的改編

　　製品圖面 (圖 4-1) 上的各尺寸，有一般公差尺寸 (未加註公差的尺寸) 及加註公差尺寸兩種。一般公差是由既定的一般公差表中查出公差值，在不須特別注意的情況下，必可得到的精度。使用這樣的製品圖面，就想進行模具設計的話，是很冒失的。開始時，先要將製品圖面更換成絕對值尺寸，製作出模具設計的基本圖。更換成絕對值尺寸的工作稱做改編，做出來的圖面稱爲改編圖 (圖 4-2)。絕對值尺寸稱爲加工目標尺寸。加工目標尺寸要考慮沖壓加工特性後決定。例如：孔加工時，加工出來的孔通常不會比沖頭的尺寸大。由於毛邊或沖頭磨耗的緣故，其具有變小的傾向。因此，決定加工目標值時要由中心值再加大 (約爲公差幅度的 70%)，諸如此類。此外，在沖剪的角部加上小的 R 值等等，做爲毛邊的對策，這類不影響製品機能、以改善爲目的的修正，亦涵蓋在改編工作內。

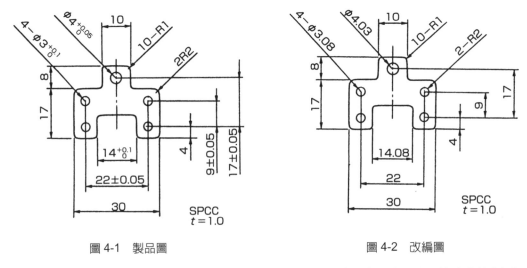

圖 4-1　製品圖　　　　　　　　　　圖 4-2　改編圖

　　進行製品圖的改編時，先將製品圖複製，在該圖面上用紅原子筆之類標上加

工目標尺寸，如此可迅速做出改編圖，也容易讓人理解。當使用 CAD 設計時，則依據此改編圖進行輸入。

2. 胚料配置

在沖孔‧沖外形的連續加工中，接下來的工作是胚料配置。此工作雖然和沖外形模具的胚料配置完全相同，但進給橋和邊橋要比沖外形加工取得略大些。這是為了提高加工安全性的緣故。圖 4-3 所示的(1)～(3)是標準的胚料配置形式。(4)是觀察加工製品的形狀特徵，試看看是否可以改善材料利用的配置。考慮數種配置情況，從中選擇材料利用率佳的方式。圖 4-3 所示進給橋、邊橋的數值，是以橋寬的最小值為大致標準。

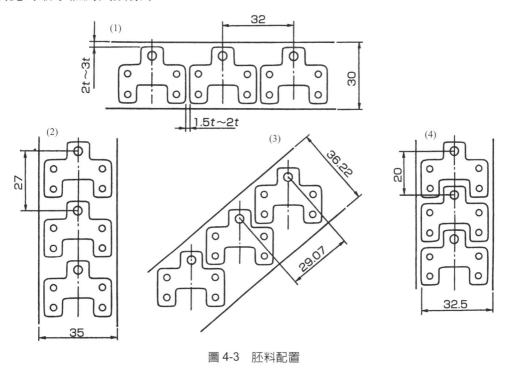

圖 4-3　胚料配置

3. 帶料配置

依據胚料配置進行帶料配置的工作，其工程內容 (圖 4-4) 如下：

⑴進行沖孔加工。將所有的孔一次同時加工時，可以得到良好的精度，但若有相接近的孔，以致覺得模具強度有問題時，則分成幾個工程加工。

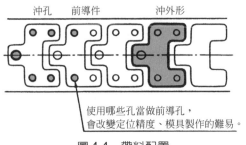

圖 4-4　帶料配置

(2)在第一道孔加工的下一個站上加入前導件 (pilot)。前導件的任務是：修正
進給長度及寬度方向的材料偏移。圖 4-5 所示的形式，是利用製品的孔做
為前導。利用製品孔的前導件稱為直接前導。當孔數多時，這種形式
可以有多個選擇對象，但選取法對定位精度或模具加工會有影響。

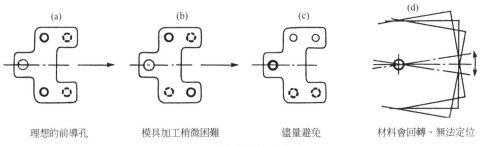

圖 4-5　前導孔的選取法

　　假設製品尺寸約為手掌般大小，則前導孔約在 2~12 mm 即可，要依製品的大
小、材料的板厚，經整體考量後選定。圖 4-5(a)的形式可以得到最穩定的精度。2
個孔要儘量分開 (在材料寬度方向)，最好直徑也相同。圖 4-5(b)可以得到和(a)相同
的效果，但模具加工變得比較麻煩 (卻也不是太大的問題)。圖 4-5(c)之類、使用 1
支前導件的方式是行不通的。如圖 4-5(d)所示，由於材料會回轉，無法得到確實
的定位。在(c)圖中，點線所示的形式也不太好，因為偏在單側的緣故。這類情況
時，若位在材料的中心附近就可以。由於前導件的設定會使連續加工時的製品精
度有很大的變化，必須要注意。

　　配置的站數多時，要使前導件儘量等間隔分佈，並考慮到整體的平衡。

(3) 配置沖外形的站時，要使模具強度在沒有問題的狀態下。

4-2　穿料作業時的注意事項

連續加工是使材料的進給與加工互相反覆進行的加工法。若材料完全通過模具，就不會發生問題，但當材料仍在模具間進出的時候，經常會有問題發生。尤其是在固定脫料板結構的模具時，由於脫料板形同加蓋的形狀，看不到通過的材料，故要非常留意。問題的內容如圖 4-6 所示。材料前緣與沖外形站的關係若如圖 4-6(a)的情況，由於只有一小部分被下料，沖頭受到側向力作用，成為沖頭與沖模互相咬住、產生毛邊的原因。又如圖 4-6(b)的狀態，廢料殘留在沖模上，工作時不留意的話，就會產生凹痕等缺陷。理想的情況是不發生前述事故，可以完整地沖出外形，但實際卻有相當的困難。不能將外形全部沖出時，要做成圖 4-6(c)所示者，讓一半以上的外形可以沖出。

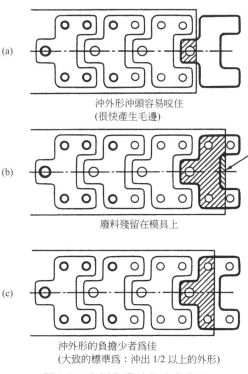

圖 4-6　穿料作業時的注意事項

　　穿料作業通常多以人工方式進行。因此，進給的長度不能固定，想要防止前述事故發生，必須採取某些對策。在此以其中之一為例，說明如何用切邊方式做為材料進給的對策。由圖 4-7 可知，此法是將材料的邊緣切到和進給長度相同，在切斷面擋住，以確保固定的進給長度及位置。切邊長度要比進給長度約長 0.03~0.1 mm (依材料板厚、製品的大小而異)。多切的長度部分靠前導件修正拉回。少切的話，材料必須靠前導件向前拉，但材料端部已被擋塊擋住而拉不動，會因此發生加工失誤。雖然有部分材料會被浪費掉，但可以防止穿料作業時的作業失誤。以上即為切邊的原理。

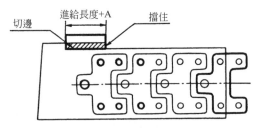

圖 4-7　材料進給對策 (切邊)

4-3　沖頭、前導件的設計

1. 沖頭的設計 (圖 4-8)

　　沖孔‧沖外形的加工中，多是由製品形狀定出沖頭的形狀。如切邊之類、必須由設計者本身決定形狀的情況是很少見的。設計沖頭時：

　　沖孔時，要使孔尺寸＝沖頭尺寸。

　　沖外形沖頭要由外形形狀減去餘隙的量 (要使外形尺寸＝沖模尺寸)。

　　這些內容在前面已經說過。由於沖頭形狀是自動決定出來的，故沖頭的設計要以強度為設計重心。沖頭強度與加工力及沖頭長度 (常用的標準長度為 40、50、60、70、80) 有關，要檢查是否會因挫曲導致破損，有問題的話，設計時就要增加沖頭的強度。沖頭強度通常是用圖 4-8(e) 的式子計算。

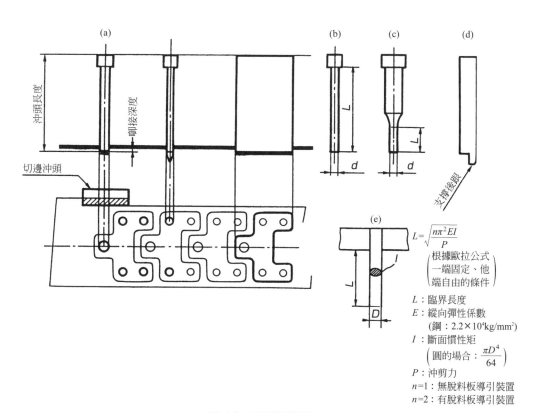

圖 4-8　沖頭的設計

　　要注意的是：用這個計算式求出來的長度是靜負荷時的狀況，由於模具須要承受衝擊負荷，考慮到安全性，以這個式子求出來的長度要除以 3~5，才可以當做沖頭的長度。

　　計算值的長度夠長時，可採用圖 4-8(b)所示的直沖頭。當長度不足時，則採用圖 4-8(c)形狀的階梯式沖頭。即使沒有強度上的問題，若將沖頭固定板的加工孔徑統一，沖頭固定板的加工也會比較容易。將沖頭的軸徑取成相同，僅加工前端部分，沖頭加工也會容易進行，因為這類目的而使用階梯式沖頭的情況也很多。

　　在切邊沖頭之類的沖頭時，由於僅切單邊，有側向力作用在沖頭上，會使沖頭跑掉、餘隙變大、提早產生毛邊。在這類切單邊的沖頭，要加上圖 4-8(d)之類的支撐後跟，以防止沖頭跑掉。

2. 前導件設計

　　前導件要設計成比沖剪沖頭長 2~3 mm。前導件直徑要做得比孔的尺寸小 0.02~0.03。有精度必要者，則約小 0.01。頭端形狀做成砲彈形狀或推拔形狀。

4-4　沖模的設計

　　參考構造設計中的沖模設計。

4-5　組合圖

　　圖 4-9、圖 4-10 所示，爲沖孔・沖外形的固定脫料板結構組合圖。

切邊擋塊

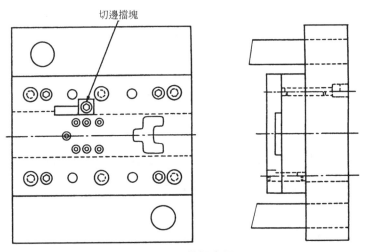

圖 4-9　下模組合圖

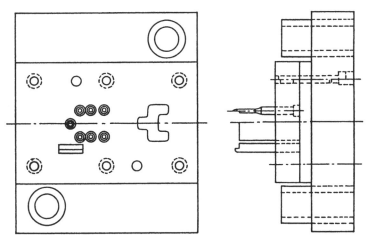

圖 4-10　上模組合圖

其內容與沖外形的模具構造完全相同，應該可以理解。使用這種沖孔·沖外形連續模具的連續加工，其製品會穿過模具掉下來，所以操作性良好。缺點則是：孔與外形的毛邊方向相反、以及製品容易產生彎曲。

4-6　固定脫料板模具設計的具體例

以下將依據目前為止的內容，來看模具零件圖的具體表示法。其前提是採用線切割放電加工進行模具製作。模具的帶料配置如圖 4-11 所示。模具構造則為固定脫料板結構。

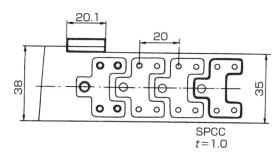

圖 4-11　帶料配置

1. 沖頭・前導件的設計

(1)沖孔沖頭

由於圓沖頭多使用標準零件，完全不用如圖 4-12 般作圖，只要在模具零件表上標示圓沖頭的記號(代號No.)就夠了。沖頭強度不是問題時，把組裝直徑做成一致，固定板會容易加工。由於想要使沖頭強度更加提高，故採用階梯式沖頭。

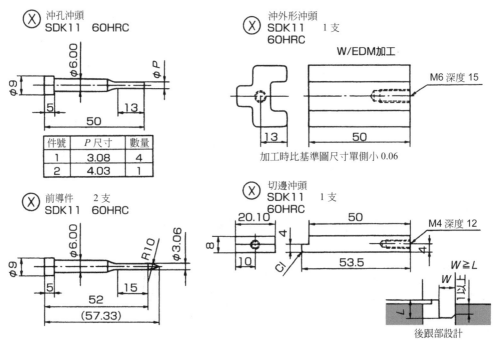

圖 4-12　各種沖頭

通常採用的材質為 SKD 11，細沖頭則採 SKH 51，須要長的壽命時，採用超硬合金。

(2)切邊・沖外形沖頭

特殊形狀的沖頭時，其材質依圓沖頭的內容為準即可。少量生產用的亦可採用 SKS 3，若是用線切割放電加工進行加工者，不要用 SKS 3，採 SKD11 較佳。這是由於放電加工性良好的緣故。

模具零件設計要注意的是尺寸標示。儘量設法減少標示的數量，當前提是採用線切割放電加工時，可以用圖 4-13 所示基準圖的方法。依據基準圖做出程式，活用線切割放電加工機的偏置 (offset) 機能，這種方法對同一種形狀的加工都可應用得上。基準圖係依改編圖而製作。將相關模具零件有關連的形狀也放在基準圖上，但不標示尺寸。用註記表示出相對於基準圖的修正值 (參考沖外形沖頭圖)。採用這種做法的話，零件圖的尺寸標示可以減少，作圖及審圖都變得輕鬆。此外，基準圖若標示出加工起始點 (圖中的 S.P)，加工者不用思考就可完成工作。

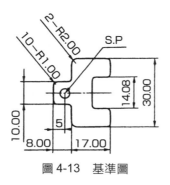

圖 4-13　基準圖

切邊沖頭的側向力對策方面，須要採用支撐後跟。當沖頭切刃與材料接觸時，後跟也必須合進沖模裡。啣接部取為 1 mm 以上。後跟的寬度或與後跟的高度相同、或再加大。

(3)前導件的設計

設計固定脫料板結構模具的前導件時，其材質、形狀皆依圓沖頭的內容為準即可。全長 (到頭端附 R 值的根部為止) 比沖剪沖頭長 2~3 (適合固定脫料板結構，活動脫料板結構則不同)。前導件直徑比使用前導件的孔徑細 0.02~0.03。頭端的 R 值約取為前導件直徑 2~4 倍 (直徑大者取為 2 倍，細者取為 4 倍)的半徑圓弧。頭端太長時，亦可以切掉一部分，將頭端做成平的 (常用於大直徑時)。由於前導件頭端經常與材料接觸，要進行研磨以提高面精度。

2. 沖頭固定板的設計

在固定脫料板結構的模具時，沖頭的垂直度及位置藉沖頭固定板保持 (圖 4-14)。爲了能夠確實做好保持的工作，板子的厚度要取爲沖頭長度的 30~40%才行。基本上，沖頭的保持是採輕度壓入，但亦有考慮餘隙的大小及組裝難易，做成有間隙者。例如：材料的板厚爲 1 mm，取餘隙爲 6%時，餘隙的實際尺寸成爲 0.06 mm。如果是這種程度的大小時，沖頭與沖頭固定板的孔之間即使有 0.01 mm 程度的間隙，對下料加工也不成問題，有間隙時，組裝也會變得輕鬆，故可如此設計 (以沖外形沖頭爲例)。

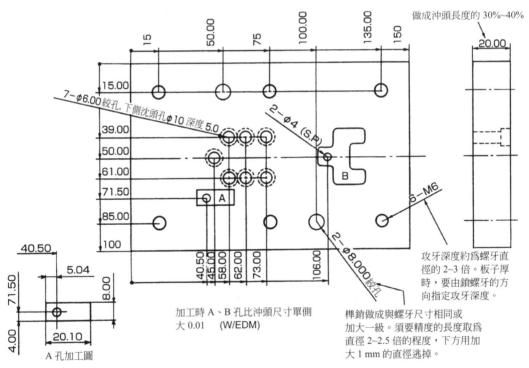

圖 4-14　沖頭固定板 (S 50 C)

在防止沖頭掉脫方面，圓沖頭多採用帽簷形 (圖 4-15(a))，由線切割放電加工出來的沖頭則多採固定螺絲 (圖 4-15(c)) 的形式，要將帽簷止脫的沖頭由模具中取出時，必須將上模分解。爲了簡化工作，多採用圖 4-15(b)所示的構造做爲對策。

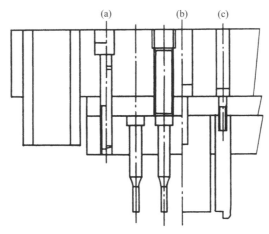

圖 4-15　防止沖頭掉脫

　　以標準圓沖頭爲例，說明採用帽簷止脫時的注意點。標準圓沖頭的帽簷厚度爲 5 mm。故板子的沈頭孔也要做成 5 mm，但標準圓沖頭的帽簷厚度約有 0.3 mm 的正向公差。因此，當沖頭組在板子上時，帽簷部會比板面凸出。這部分要在沖頭裝好後，再把凸出部磨平。如果帽簷部做成比板面低的凹陷狀態，下料加工時，沖頭會不斷上下移動，變成帽簷部破損的原因。做成比板面凸出、之後再磨掉帽簷部的理由，是因爲板子的沈頭孔加工時，要得到高精度的深度有困難，通常的加工約有 ±0.3 mm 的誤差，故如此處理。

　　如果不注意這一點就進行模具組裝的話，會成爲沖頭破損的導因。同時也是上下模具平行度不良的原因。

　　要使沖頭固定板及沖頭的關係能夠保持，要用樺銷(定位銷)來保持上模與下模的關係。在附有模座的模具時，用模座的導引裝置保持上下的關係，樺銷則擔任連接沖頭、沖模關係的任務。沖頭、沖模的相關精度決定於樺銷的打入精度。必須注意樺銷的直徑及配置。固定板定位用的樺銷，或與螺牙直徑相同、或採加大一級的尺寸。配置位置最好儘量取在對角線上相距遠的位置。圖例所示的配置爲近乎最小的尺寸。樺銷與孔的關係爲輕度壓入。由於上模樺銷有脫落的危險，要特別注意。

　　沖頭固定板的材質通常爲 S50C、SS400，在長壽命、高精度的模具時，亦有

使用淬火過的 SKS 3、SKD 11。

3. 沖頭背板的設計 (圖 4-16)

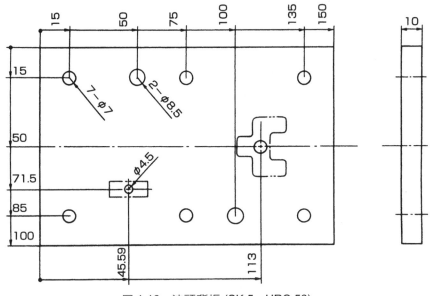

圖 4-16　沖頭背板 (SK 5、HRC 56)

　　背板的功用是使沖頭不致因為下料加工等產生的背壓而壓陷在沖頭承座中。如果沖頭被壓陷在沖頭承座上，會在上下方向產生間隙，和帽簷止脫沖頭時說明過的注意點完全相同的情況就會發生，成為沖頭破損的原因。所以，背板通常採用淬火過的板子。常用的材質為SK 3、SK 5 或SKS 3。淬火硬度約在HRC 56~60。

　　注意點為其厚度。薄的板子會在受到壓力的部位產生裂痕，故希望最少為 5 mm、儘量在 8 mm以上。依板子的大小，選擇不容易發生 (或發生較少) 淬火翹曲的厚度。消除板子的翹曲會花許多時間，要減少不必要的工作。

　　以上為背板的主要機能，還有一項利用法，則是利用改變背板厚度以調整沖模高度。在構成模具的板子中，這是對其他部分影響最少的零件。

4. 沖頭承座的設計

　　沖頭承座亦稱為上模座等。沖頭承座是用來保持整個上模、確保模具的剛性、以及將模具安裝在沖床上的部分。因此，通常是使用有相當厚度的板子。

　　板子的大小與厚度的關係，可參考模座型錄。材質通常為 SS 400 或 S 50 C。利用加工中心進行模座的孔加工時，考慮到容易排出切屑，多選擇 S 50 C。

　　由於沖頭承座是用來安裝在沖床滑座上的部分，必須配合安裝方法進行加工。如果是用夾具來安裝的話，承座的厚度要配合夾具高度。若是用螺栓鎖緊的話，要配合滑座的螺栓孔進行攻牙加工。小形模具 (圖 4-17) 是藉模柄安裝，要依模柄的型式 (插入、鎖螺牙、凸緣或自由式模柄)，指示模柄的安裝方法等。

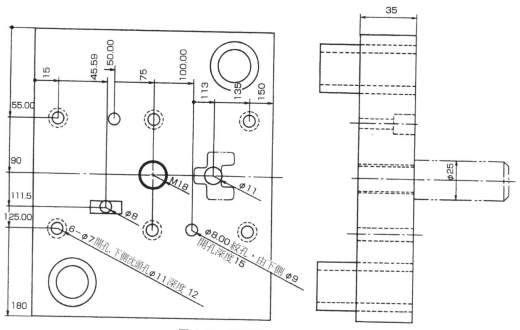

圖 4-17　模座加工圖 (SS 400)

　　承座多採用模座的形式，此處的注意點為導柱長度。圖 4-18 為承座上面＝滑座下面的情況，必須要注意圖 4-18 中標示 A 的尺寸。在線切割放電加工時，多將沖模固定板做成一體式的板子，這種情況下，每逢沖頭、沖模磨耗而進行再加工時，沖模固定板會變薄，沖頭則變短。因而沖模高度也隨之變低，圖 4-18 的尺寸 A 也變短。如果 A 尺寸變成負值，就會跑到承座面的上方，和滑座下面撞在一起，造成模具破損、或沖床破損。將模具安裝在沖床上時，這部分是看不到的，希望要注意。應由沖頭、沖模的有效切刃長度計算出再加工削除量，在 A 尺寸加

上裕度。

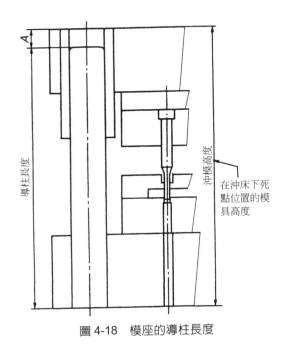

圖 4-18　模座的導柱長度

　　還有一項注意點是：與沖床衝程長度間的關係。若長衝程超過模座導柱與導
套的套合量時，導柱就會與導套脫離。這種狀態時，如果採用的是滾珠導引裝置
的導柱，滾珠導引護圈會脫落，事故也隨之發生。當導柱會完全跑到導套外面
時，要採用附滾珠護圈止動片的導柱。

5. 固定脫料板

　　固定脫料板的基本機能是針對留在沖頭上的材料做脫模(除廢料)。圖 4-19 的
脫料板並不做為沖頭導引裝置，僅將沖頭通過孔加大。在固定脫料板結構的模具
中，沖頭的位置及垂直度藉沖頭固定板固定即可。理由是：若用固定脫料板做為
沖頭導引裝置，會造成不當的沖頭位置修正，容易引起沖頭磨耗、破損。

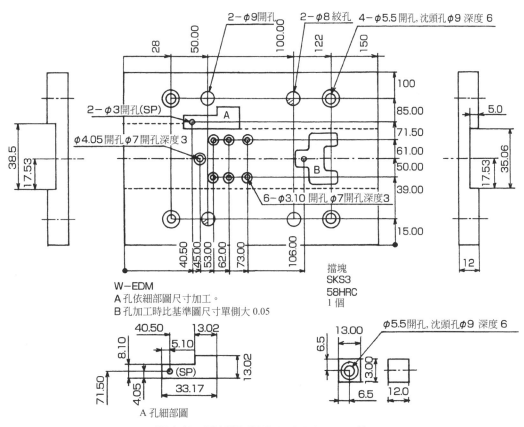

圖 4-19　脫料板 (SKS 3、HRC 58、1 片)

　　當有細沖頭、不得不做為沖頭導引裝置使用時，則如圖 4-20 所示，在沖頭導入部位設 R 值 (R 部要磨平)，使沖頭不會被強迫進入孔內。有弱的沖頭時，最好不要用固定脫料板結構，改採活動脫料板結構的模具。

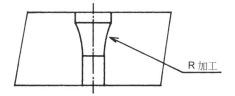

圖 4-20　固定脫料板上的沖頭導引孔

　　在這個模具的例子中，材料有切邊，會消耗進給帶料。在這類構造中，切邊前的材料導引裝置須考慮材料的寬度公差而加大間距。經切邊後，由於材料寬度

穩定，導引裝置的間隙大小取為單側約 0.02~0.03 mm的間隙，使材料可以平滑移動、對前導件的位置矯正亦不產生阻礙。

切邊時，切掉的材料要比進給長度 (進給節距) 長 0.05~0.1 mm，在每次材料進給時碰到擋塊，以消除進給的誤差，多進給的材料部分靠前導件修正拉回。基本上，前導件修正時不會將材料向前拉，而是使其後退。

脫料板樺銷的功用並不像沖頭固定板或沖模固定板的樺銷那麼重要 (用脫料板做為沖頭導引裝置時則另當別論)，因此，做成可以在維護時輕鬆取出的方式即可。具體而言，在脫料板側採壓入，在沖模側則稍微鬆些。若拆下脫料板螺絲的話，不拔出樺銷也可以把脫料板拆出。

6. 沖模固定板

圖 4-21 為一體式 (實心形) 的例子。沖模切刃部的加工採用 W-EDM (線切割放電加工機) 進行加工。在這個例子中，採用了 3 種形式的沖模斷面形狀。

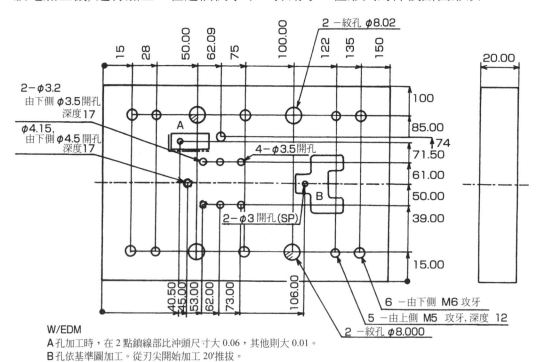

W/EDM
A孔加工時，在 2 點鎖線部比沖頭尺寸大 0.06，其他則大 0.01。
B孔依基準圖加工。從刃尖開始加工 20'推拔。

圖 4-21 沖模固定板 (SKD 11、HRC 60、1 片)

在孔加工的沖模處，以階梯形狀將切口部 (直的切刃部分) 的下面逃掉 (階梯逃逸)。階梯逃逸是由沖模下側用鑽頭進行孔加工，但若做得比沖模孔大太多的話，沖剪廢料可能卡在這個部位。逃逸孔徑最好在沖模孔的 1.5 倍以下，且儘量接近沖模孔徑。這類切口部下方逃掉處 (包括階梯逃逸以外的形狀)，亦稱為二重逃逸。

在沖外形的沖模處，是由刃尖部以推拔形狀逃掉 (推拔逃逸)。由於以 W-EDM 加工時的操作性良好，在特殊形狀的孔加工多做成這類形式。由於做成推拔加工，沖剪下來的物件很容易向下掉出，但每次遇到沖模固定板的再加工時，沖模孔會變大。所以，最初的餘隙要設定在較小的數值。

由於切邊部位只切材料的兩邊，不會發生廢料卡在沖模孔內的情形，不須採用二重逃逸，加工成直的面即可。在這類不是沖一整圈的加工中，沖剪加工時會有側壓發生，所以要在沖頭加設支撐後跟。由於後跟的配合部為沖模孔，不容易做出均勻的餘隙，要如圖 4-21 所示，分別在沖剪部及後跟部做出相對於沖頭不同的餘隙。圖 4-21 是該類表示法的一個例子。

沖模切口部的長度要考慮模具的總壽命而定，若僅為了增長總壽命而加長的話，卡在沖模切口部的廢料或製品就會變多，且通過沖口部的時間也會變長，成為咬住、或製品翹曲加大的原因。此外，為了將廢料或製品壓下去，沖頭的負擔亦增加，連帶造成沖頭剝落、破損的事故，沒有任何好處。切口部長度的大致標準可取為：沖頭插入沖模的量加上材料板厚的 3~4 倍的長度。

螺紋孔或樺銷孔加工到公稱直徑的 2~2.5 倍長度即可。因此，若未指定方向的話，可能發生螺紋鎖不進去等不順利的情況。最好是指定出加工的方向。

7. 沖模承座

沖模承座是用來保持構成下模的零件、擔負確保下模剛性的任務、以及將下模安裝在沖床底座上的部分。一般不須要做熱處理。因此，經常使用的材質為 SS 400 或 S 50 C。

有許多廢料掉落孔等的加工要做，儘量使加工時可以使用同一個工具直徑。由於沖模承座在機能上須要具備厚度，設計時最好能使加工工具可以用較粗的工

具。因為沖模承座大多採用模座下模的形狀，亦有如圖 4-22 所示、名為模座加工圖者。

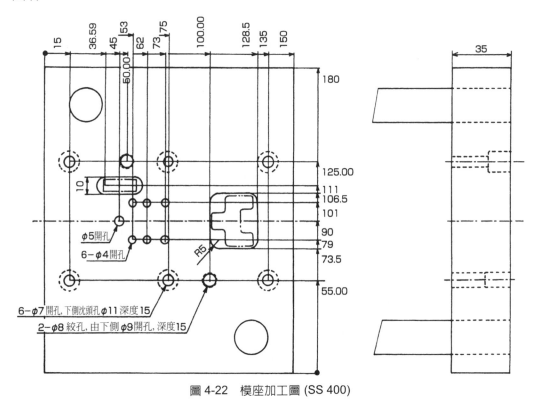

φ5開孔

6-φ4開孔

6-φ7開孔,下側沈頭孔φ11深度15

2-φ8絞孔,由下側φ9開孔,深度15

圖 4-22　模座加工圖 (SS 400)

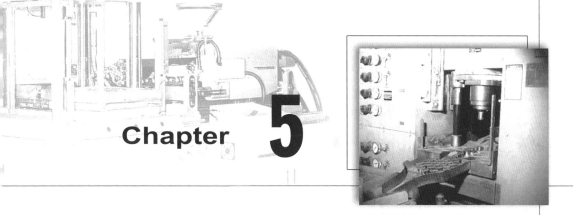

Chapter **5**

沖剪連續模具

本 章 目 標

- 了解沖剪連續加工的變化。

5-1 剪斷加工的基本形狀

目前為止已說明過沖孔‧沖外形連續模具的設計例。在此將說明沖剪連續加工的變化。

圖 5-1 所示為剪斷加工 (沖剪加工：分離加工) 中使用的基本形狀。

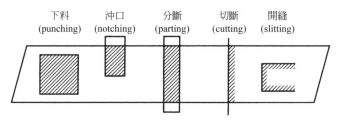

圖 5-1　剪斷加工基本形狀的種類

下料 (punching) 是加工出封閉輪廓形狀的形式。用途有沖外形 (blanking) 及沖孔 (piercing)。其差別在於餘隙的設定。

沖外形：將沖模做成製品尺寸，沖頭則設定在減去餘隙量的條件下使用。

沖孔：將沖頭做成孔的尺寸，沖模則設定為加上餘隙量之後使用。

僅有前述條件設定上的差異，加工內容則完全相同。

沖口 (notching) 是指一側為開放 (包括相鄰 2 邊為開放者) 狀態的加工。這種加工中，沖頭沖下來的材料通常為廢料。因此，與沖孔相同，將沖頭做成製品尺寸。

分斷 (parting) 是指相對 2 邊為開放狀態的加工，使用在將材料分切成 2 件時。

切斷 (cutting) 使用在不產生廢料而將材料分切時。在切斷後的左右兩件上，毛邊變成相反的方向。

開縫 (slitting) 採用的原理與切斷相同，是在材料上加入縫口的加工。

5-2　沖剪連續加工的基礎

　　沖剪連續加工是將這些剪斷加工的基本形狀組合起來，以進行形狀加工。基本的組合如圖 5-2 所示。

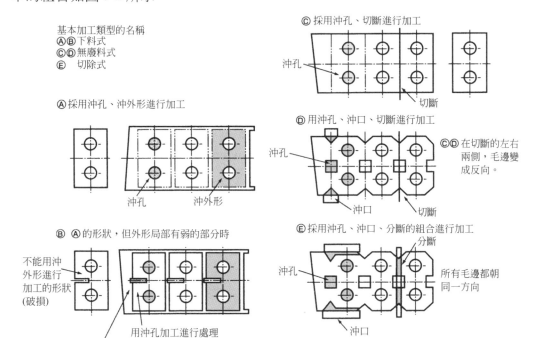

圖 5-2　沖剪連續加工的基本類型

　　Ⓐ是將沖孔與沖外形組合起來，是最容易了解的形式。稱為下料式的連續形式。特徵是製品可以穿過沖模回收，所以操作性良好，模具亦容易製作。缺點是孔與外形的毛邊在相反方向，且製品容易出現翹曲。所以不適合用在孔與外形的毛邊方向須要一致時、或是須要平坦度的製品加工上。

　　Ⓑ與Ⓐ雖然相同，但在外形形狀上有弱的部分，當沖外形加工中的沖頭或沖模有破損的可能時，要將弱的部分用沖孔方式加工，做為問題的對策。在外形形狀的局部須要彎曲的場合，也有用這種方法加工出彎曲所須要的形狀，俟彎曲加工做好後，再應用沖外形加工者。

　　ⓒ稱爲無廢料式的連續形式。是以材料利用率爲優先的加工方法。雖然常因製品形狀而無法採用，但由於將利用率列爲優先，因此亦有在製品方面下工夫，讓這種加工方法可以適用者。特徵爲利用率，缺點則是直接使用到材料寬度。在使用切斷加工而使左右毛邊方向變成相反之類的場合時，不能得到較佳品質的製品。此外，偶爾也會出現切斷的切口變成傾斜的情況。

　　ⓓ在基本上爲ⓒ，但是將局部形狀用沖孔或沖口做出加工形狀的方式。不能完全稱做無廢料，可是在切斷部分的比例大時，和ⓒ的處理方法是相同的。特徵是可以提高材料的利用率。

　　ⓔ是將沖口、沖孔及分斷組合起來加工的形狀加工。由於將廢料的部分加工去除，故稱爲切除式。這種方法可以使用在非常廣泛的用途。包括彎曲在內的連續加工，其沖剪部分可說幾乎都是使用這種形式。

　　特徵是孔與外形的所有毛邊都在同一方向。平坦度也容易處理，須要高精度的製品時，其加工可說幾乎全採用這種型式。

　　缺點則是製品殘留在沖模上，須要下工夫將製品取出，而且模具設計困難、模具的製作費用高。

　　設定的困難點在於沖頭的設計。圖 5-3 所示爲切除加工的沖頭設計考慮法。

　　在胚料的配置設計 (胚料配置、放樣) 上，由於變成廢料部分的尺寸要用沖頭沖出，須要設定成沖頭不會破損的寬度。其最小值的大致標準爲板厚的 2~3 倍。當進行胚料配置時，可以得到如②所示的分斷沖頭。此與③所示、改變胚料配置後的情況亦相同。此時，必定會產生以○記號表示的切口連接部。此稱爲接口 (matching)。接口要取在不會影響到製品機能的部位。如果所得到的分斷沖頭具有充分的強度，且沖頭、沖模沒有加工上的問題時，就可以用 1 個沖頭進行加工。

　　若有問題時，則將④所示的分斷沖頭分割成數塊，使用多支沖頭進行加工。此時會產生數個接口，由於容易從接口部分產生毛邊，須要下些工夫。其內容如圖 5-4 所示。

①決定胚料配置

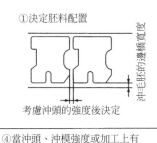

考慮沖頭的強度後決定

②出現如圖所示的分斷沖頭。
　如果此形狀的沖頭、沖模強
　度及加工上沒有問題時，就
　可用 1 個沖頭進行加工。

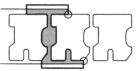

切除加工時一定會產生接口
（上圖中用○表示的部位）。
由於接口部容易產生毛邊，
最好儘量減少。

③將胚料配置改成下圖形式時，
　結果也相同。

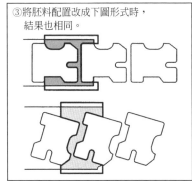

④當沖頭、沖模強度或加工上有
　問題時，要將沖頭分割。
　此時要儘量減少沖頭的數目、讓沖頭
　強度互相平衡、並減少接口位置。

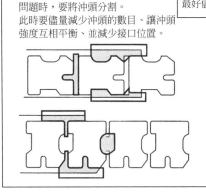

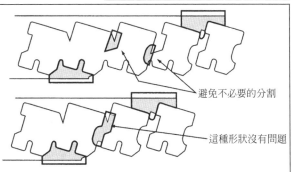

避免不必要的分割

這種形狀沒有問題

圖 5-3　切除加工的沖頭設計考慮法

①在交叉部分的接口

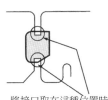

將接口取在這種位置時，
對製品形狀沒有影響，毛邊
的問題也少，所以很理想。

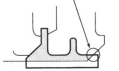

②同一線上的接口

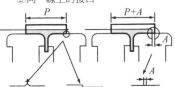

當 $P=$ 進給長度時，
接口部會出現凸起
形狀或不平整處。

當 $P=$ 進給長度+A時，
A 部容易產生毛邊。

對策

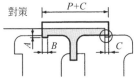

$A > 0.5t$ (min=0.05 mm)
$B > 1.5t$ (min=0.5 mm)
$C < B$

③在圓弧的接口

忠實地在圓弧上
取接口時，會和
同一線上的接口
一樣出現不順利
情況。

對策

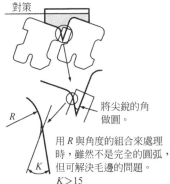

將尖銳的角
做圓

用 R 與角度的組合來處理
時，雖然不是完全的圓弧，
但可解決毛邊的問題。
$K > 15$

圖 5-4　接口部分的對策

接口的形式有數種類型。①所示為理想的形式，但有時候須要在直線或曲線上製作接口。此時容易出現如②所示的問題，故須要對該問題內容加以處置做為對策。如③所示在圓弧部取接口的情況是很普遍的。此時，若忠實製作出圓弧的話，就會失敗。應以圓弧與角度交叉的方式處理。雖然不是完全的圓弧，只能成為近似圓弧，但由於圓弧部多不會做出銳角的角，很少成為問題。

因為切除加工是由設計者本身進行形狀分割以決定沖頭形狀，會出現模具製作費因分割方法不同而變高、對品質產生影響等的問題，所以是困難的工作。

5-3 沖剪加工與模具構造

接下來說明前面這些沖剪加工類型與模具構造的關係。

圖 5-5 為採用無廢料式固定脫料板結構的例子。與沖孔・沖外形連續模具的內容差異處，在於將沖外形沖頭改換成切斷沖頭，對此應可一目瞭然。

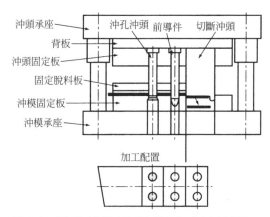

圖 5-5　採用固定脫料板結構的無廢料連續模具

圖 5-6 為使用活動脫料板結構進行切除的例子。切除加工通常是在壓著材料時進行加工，所以很少採用固定脫料板結構。由於在加壓時進行加工，材料不容易產生翹曲 (由於沖剪加工時材料所受的彎曲力矩影響被抑制之故)，因此製品的平坦度會變好。相反地也有缺點，若沖模或脫料板面上有異物或凹凸時，在材料被壓住時會造成缺陷。不過，現今使用的連續模具，其主流還是這種活動脫料板

結構。在包括彎曲或抽製在內的連續加工中，一定會存在有沖剪加工。到時所使用的沖剪加工方法，會要選用這次說明的哪些沖剪連續形式的類型，希望讀者能善加理解其間的差異。

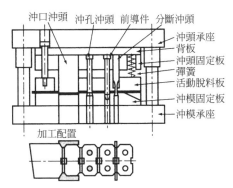

圖 5-6　採用活動脫料板結構的切除連續模具

Chapter **6**

彎曲加工

本 章 目 標 (6-1 至 6-4)

- ■ 了解彎曲時使用的模具構造。

- ■ 了解彎曲製品的展開方法。

- ■ 了解彎曲形狀及加工上的問題點。

- ■ 了解材料軋延方向與彎曲的關係。

- ■ 了解彎曲加工的基本條件設定。

在沖壓加工中，應用到彎曲加工的機會僅次於沖剪加工。其加工原理雖很單純，但許多製品使用到複雜形狀的彎曲，經常須要在加工方面下工夫。在彎曲加工時，必須記住彎曲的基本形式，將其應用、組合，才能做出複雜形狀的加工。

彎曲製品的加工如圖 6-1 所示，要將彎曲製品展開 (彎曲展開)，求出平板時的形狀 (胚料)，再進行彎曲加工以做出製品。

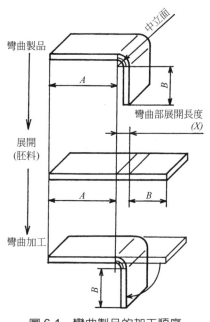

圖 6-1　彎曲製品的加工順序

6-1　彎曲模具的構造 (圖 6-2)

彎曲形狀採用的稱呼方法，是將側面看到的形狀對應於英文字母，稱呼為 V 形彎曲、L 形彎曲等。基本的彎曲形狀可分為 V、L、U 以及 Z 形彎曲。這些形狀表示出：其彎曲加工所用的模具構造有差異。V、L 形彎曲的加工方法不同，但製品形狀相同。

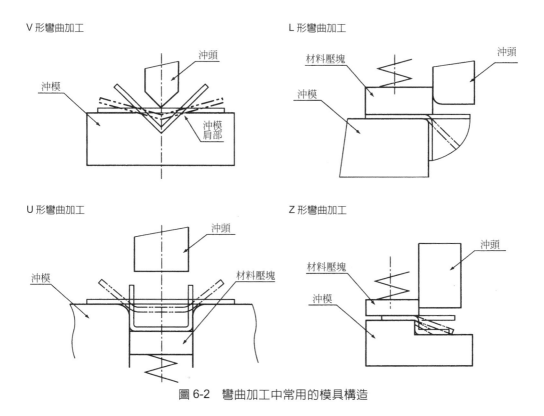

圖 6-2　彎曲加工中常用的模具構造

1. V 形彎曲

　　V 形彎曲加工是將沖頭、沖模做成 V 字形，用沖模的 2 個肩部及沖頭前端共 3 點進行彎曲加工，是最簡單的彎曲模具構造。加工時，取沖模肩部為支點，沖頭的前端當做作用點，以進行彎曲加工。當沖頭朝沖模的方向前進時，材料滑過沖模肩部，與沖頭前端部位相接觸的材料會發生彎曲變形，因而完成彎曲。

　　此時，沖頭前端所附的 R 值 (沖頭肩部半徑) 稱為「彎曲半徑 (彎曲內側的 R 值)」。當彎曲半徑小時，可能會在彎曲部位產生裂痕。在沖模肩部也有做 R 值 (沖模 R 值：滑動 R 值)，目的在使材料容易滑動。要改變 V 形角度時，只要改變沖頭向沖模移動的下壓量，即可做出任意的彎曲角度。由圖可知，在此加工中，彎曲的兩端會向上翹。這點須要使胚料在可以自由移動的狀態下進行，所以單站加工時可以適用，但在連續加工時，因胚料互相連結，使這方面造成限制而很少採用。

2. L 形彎曲

L 形彎曲加工是由沖模及材料壓塊將材料牢牢夾住，用沖頭進行彎曲的加工法。被壓住的材料滑過沖頭端面的沖頭 R 部 (沖頭肩部半徑：滑動 R 值)，以沖模 R 部 (沖模肩部半徑：彎曲半徑) 做爲作用點產生彎曲變形，因而完成彎曲。

到達沖頭 R 部的終了位置時，彎曲即已結束，但沖頭還會再向沖模內壓進去 (壓入量)，以使彎曲形狀穩定。此時，沖頭與沖模的間隙稱爲「彎曲餘隙」。所取的餘隙通常與材料板厚相同。

3. U 形彎曲

U 形彎曲加工是靠沖頭及材料壓塊將材料牢牢夾住，用沖模進行彎曲的加工法。令沖頭向沖模方向前進，材料滑過沖模 R 面 (沖模肩部半徑：滑動 R 值)，以沖頭 R 部 (沖頭肩部半徑：彎曲半徑) 爲作用點產生彎曲變形，因而完成彎曲。[1]

在壓入量、餘隙方面，與 L 形彎曲相同。亦有將材料壓塊稱爲「反向壓塊」，以與 L 形彎曲的形式做區別。由於此材料壓塊亦兼任將壓入沖模中的材料從沖模中頂出的功能，故亦有稱之爲「頂出塊」者。

4. Z 形彎曲

Z 形彎曲的變形過程與上述三種型式的彎曲不同。材料藉材料壓塊、沖模牢牢壓住，令沖頭朝沖模方向行進，使材料滑過沖頭 R 面 (沖頭肩部半徑：滑動 R 值、彎曲半徑)，以沖模 R 部 (沖模肩部半徑：彎曲半徑) 爲作用點進行彎曲。此過程與 L 形彎曲相同。

隨著彎曲的進行，當沖頭下的材料接觸到沖頭下的沖模面時，由於沖頭下面與沖模面之間的間隙限制，在沖頭前進的同時，材料繞過沖頭 R 部，朝沖模的垂直面方向移動，在下死點形成 Z 形彎曲的形狀。當到達下死點時，所做出的彎曲部是以沖頭 R 值爲彎曲半徑。

因此，沖頭 R 值兼任滑動 R 值及彎曲半徑兩種角色。由於彎曲半徑是由製品形狀規定出來的，故沖頭 R 值不能採用最佳大小的滑動 R 值，常要採用較小的 R 值，而變成材料移動的阻礙。

此外，由於沖頭下面與其下方沖模面間的相關形狀，使材料移動受到限制，加上來自於沖頭 R 值的限制，此雙重障礙會使 Z 形狀要形成的垂直部分受到強迫

力的作用，造成這部分的材料伸長、板厚減少。

　　由於這種狀況，使 Z 形彎曲有加工極限，可以在良好條件下加工的 Z 形彎曲，其上下平行部的極限差值約爲板厚的 5 倍。

　　在小階梯的 Z 形彎曲時，亦有不使用材料壓塊，將沖頭做成 Z 形以進行加工的模具構造。

. . . .

　⑴彎曲半徑爲形成彎曲變形內側的 R 值，當半徑小時，會因彎曲條件而在彎曲部位產生裂痕。
　　加上滑動 R 部的目的是使材料容易移動。與彎曲變形阻力、彎曲缺陷有關。
　　沖頭、沖模上所附的 R 部，或是做爲彎曲半徑、或是做爲滑動 R 部，視彎曲模具的構造而定，希望對此點要加以留意。

6-2　彎曲展開

1. V・L (U) 形彎曲的展開

　　參考圖 6-1 說明彎曲展開時，最好是將彎曲製品的形狀分解成未受彎曲變形的直線部(A、B)、及受到彎曲變形的彎曲部(X)，求出個別部分的長度做爲計算的輔助。

　　由於彎曲部是圓弧的一部分，要使用求圓周長的計算式。此時的半徑，是以彎曲部的中立面位置做爲半徑計算。

　　所謂的中立面是：當材料被彎曲時，在彎曲內側的材料因壓縮而縮短，在外側則受拉伸而伸長。壓縮和拉伸的影響是越往板厚的外側越大，越向內側則越小，在某一位置上完全不受壓縮或拉伸，成爲既未伸長、也未縮短的面。這個面即稱爲「中立面」。

　　因此，只要知道這個中立面的位置、求出這個面的長度，即可求出正確的展開長度。

　　待求的中立面位置是從彎曲內側開始計算距離，其與彎曲半徑 (彎曲內側 R 值) 相對於材料板厚的比值有很大的關係，當彎曲半徑爲零的時候，中立面的位置大約是從彎曲內側開始算起、在板厚 20％的位置，當彎曲半徑爲板厚的 5 倍以上時，則在板厚 50％的位置上。

　　求彎曲內側到中立面間的距離時，所使用的係數稱爲「彎曲展開係數 (中立

面係數)」，通常是用希臘字母的λ(lambda) 來表示。彎曲計算時使用的彎曲角度，是以圖 6-3 中、C 所表示的角度來計算。在 V 形彎曲加工時，容易誤以沖頭角度來計算，故須注意。

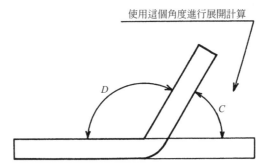

使用這個角度進行展開計算

圖 6-3　使用於彎曲展開計算的彎曲角度

V 形彎曲及 L (U) 形彎曲的彎曲展開式如下所示：

$$L = A + B + X \qquad \text{彎曲展開長度}$$

$$X = \frac{\theta}{360} \times 2\pi (R + \lambda \times t) \quad : \text{一般式}$$

$$X = 1.57 (R + \lambda \times t) \qquad : 90°彎曲$$

X：彎曲部展開長度、θ：彎曲角度、π：圓周率、R：彎曲半徑、λ：彎曲展開係數、t：板厚。彎曲展開係數如表 6-1 所示。

表 6-1　V、L (U) 形彎曲展開係數

彎曲形式	R/t	λ
V 形彎曲	0.5 以下	0.2
	0.5~1.5	0.3
	1.5~3.0	0.33
	3~5	0.4
	5 以上	0.5
L (U) 形彎曲	0.5 以下	0.25~0.3
	0.5~1.5	0.33
	1.5~5.0	0.4
	5 以上	0.5

2. 折邊彎曲的展開 (圖 6-4)

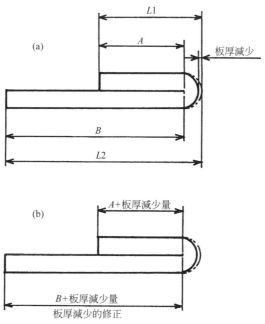

圖 6-4　折邊彎曲

　　折邊彎曲基本上亦可採用與 V、L 形彎曲相同的展開計算方法，但因製品尺寸通常如圖 6-4(a)所示、以 L1、L2 的形式表示，會因此產生問題。如圖 6-5 所示，由於彎曲變形之故，彎曲部會產生材料的伸長，造成板厚減少約達板厚的 20~30 %。因此對 L1、L2 的尺寸造成影響，變成尺寸不足的狀態。其對策要如圖 6-4(b)所示，估計板厚減少量，加入 A、B 尺寸來計算。亦可採用圖 6-6 所示的簡易法。

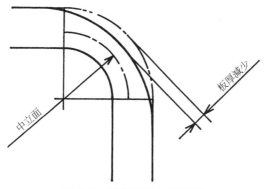

圖 6-5　彎曲部的板厚減少

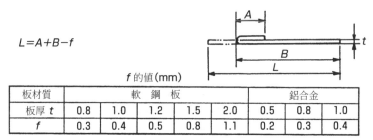

$$L = A + B - f$$

f 的值(mm)

板材質	軟　鋼　板					鋁合金		
板厚 t	0.8	1.0	1.2	1.5	2.0	0.5	0.8	1.0
f	0.3	0.4	0.5	0.8	1.1	0.2	0.3	0.4

圖 6-6　折邊彎曲 (折疊) 的展開

3. 捲曲彎曲的展開 (圖 6-7)

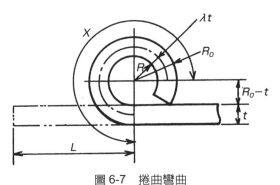

圖 6-7　捲曲彎曲

捲曲彎曲基本上亦與 L 形彎曲的展開相同。使用的彎曲展開係數也相同。
求捲曲部展開長度的公式如下所示：

$$L = X + R_0 - t \qquad 捲曲部展開長度$$
$$X = 1.5\pi (R + \lambda \times t)$$

$R_0 - t$ 是以近似值求出，亦可用正確的形狀求取。

4. Z 形彎曲的展開

　　Z 形彎曲正如彎曲構造部分所做的說明，有圖 6-8 所示的伸長部位，故難以
求出正確的展開。

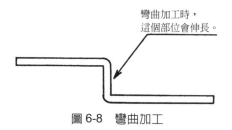

圖 6-8　彎曲加工

　　因此，多採用圖 6-9 所示的形狀求取展開長度，但由於彎曲半徑的大小與 H 尺寸間的平衡關係會造成長度變化，故容易產生誤差。要求取正確的展開長度時，須要做加工測試。

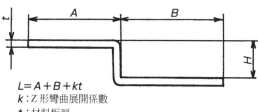

$L = A + B + kt$
k：Z 形彎曲展開係數
t：材料板厚

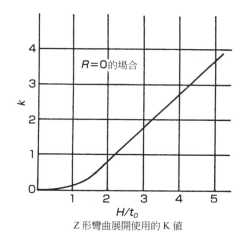

$R = 0$的場合

Z 形彎曲展開使用的 K 值

圖 6-9　Z 形彎曲的展開

6-3　彎曲形狀及加工上的問題點

　　在沖壓加工用的製品圖面中，包括了進行彎曲加工時會有問題 (事故要因)的

形狀。以下所示為該類彎曲形狀的代表。要製作模具時，希望儘量將製品圖面變更成不會有問題的形狀。

1. 彎曲高度 (凸緣高度)

　　在彎曲形狀中，被彎曲的部分稱為凸緣，母材部分則稱為腹板 (圖 6-10)。以 L、U 形彎曲而言，被材料壓塊壓住的部分即為腹板。在 V 形彎曲時，若為左右對稱的形狀，會難以區別，但若為非對稱的形狀，可將小塊的形狀視為凸緣。這些雖然是日常不太注意到的內容，但記住區別方法也是很重要的。

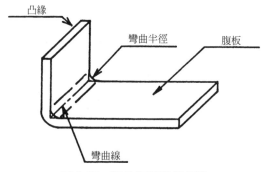

圖 6-10　彎曲的各部位名稱

　　彎曲高度表示的是凸緣部分的高度。當彎曲的凸緣高度變低時，若超過某一極限，即做不出製品圖面所示的形狀。這是受到圖 6-11 所示、作用在彎曲部的應力所致，由於材料伸長的影響，彎曲外側受到拉應力，當彎曲凸緣低的時候，就造成凸緣端部的變形。此同時亦造成板厚減少。為了不要引發這種現象，可以彎曲加工的大致標準如圖 6-12 所示。

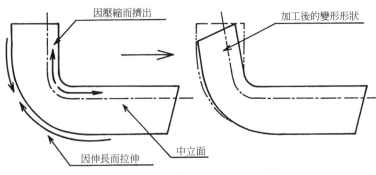

圖 6-11　低的彎曲凸緣導致的變形

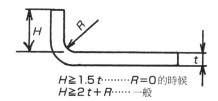

$H \geqq 1.5\,t$·········$R=0$ 的時候
$H \geqq 2\,t+R$······一般

圖 6-12　彎曲凸緣的極限高度 (大致標準)

2. 彎曲部的變形

具有圖 6-13 所示傾斜的凸緣形狀時，在靠近彎曲部的凸緣部位會發生變形。從彎曲極限高度來想時，很容易了解這種變形狀況。在凸緣部畫上彎曲極限高度的線 (圖 6-13 中以 A 表示的尺寸) 時，在該線以下的部分會產生變形。同樣如圖 6-14 所示，對於接近彎曲部的孔可說也是相同。

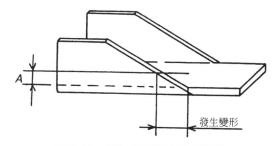

發生變形

圖 6-13　傾斜凸緣彎曲時的變形

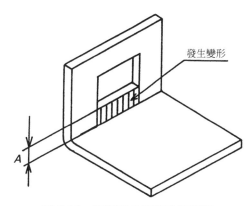

發生變形

圖 6-14　接近彎曲部的孔的變形

其對策則如圖 6-15(a)所示，在具傾斜凸緣形狀的彎曲時，於接近凸緣彎曲部的部位做出高於彎曲極限高度的垂直部。對孔亦可用相同方式處理，但也可改成

如圖 6-15(b)所示、改變孔的形狀等處置方式。

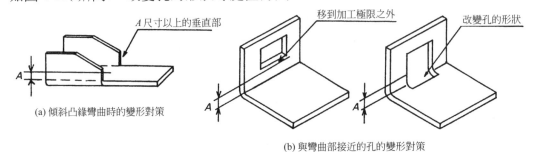

(a) 傾斜凸緣彎曲時的變形對策

移到加工極限之外

改變孔的形狀

(b) 與彎曲部接近的孔的變形對策

圖 6-15　彎曲變形對策

3. 彎曲部的膨脹量

在彎曲部內側的材料受到壓縮。被壓縮後的材料會再被擠出 (圖 6-16(a))，在彎曲線方向的端部變成膨脹量。當彎曲內側的 R 值 (彎曲半徑) 越小，這種現象會越顯著。在一般的彎曲製品不會是問題，但當彎曲部的尺寸亦必須受到要求時，最好在彎曲部加設逃逸處。

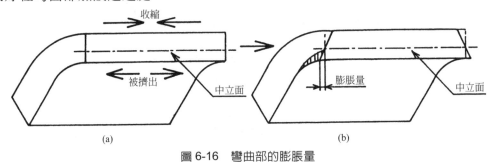

收縮

被擠出

中立面

膨脹量

中立面

(a)　　　　　　　　　　(b)

圖 6-16　彎曲部的膨脹量

4. 鞍狀的翹曲

彎曲加工時，在中立面的外側受到拉伸力，內側則受到壓縮力。由於這種影響，在中立面的外側時，彎曲線方向上的材料向縮短的方向移動，在內側則向伸長的方向移動 (圖 6-17(a))。外側與內側隔著中立面向相反的方向移動，使得彎曲線的部位產生翹曲 (圖 6-17(b))。此現象稱為鞍狀翹曲。翹曲出現的範圍約在距彎曲線端部 4 倍板厚的範圍內 (其內側因材料剛性而受壓)。因此，若彎曲寬度為板厚的 8 倍以下，會出現全面性的翹曲。此現象亦隨彎曲半徑減小而益發顯著，故其對策或是加大彎曲半徑、或是壓縮彎曲外側的 R 部。

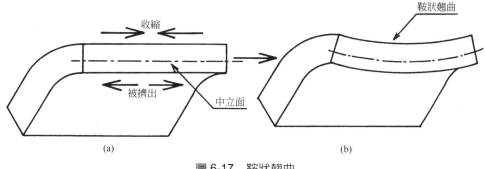

圖 6-17　鞍狀翹曲

5. 彎曲部的裂痕

(1)與彎曲半徑的關係

彎曲半徑越小，中立面外側材料的伸長量就越大，最後即可能超過材料
所具備的伸長極限，在整個彎曲部產生裂痕。因此，各種材料均有其最
小彎曲半徑。主要材料的最小彎曲半徑如表 6-2 所示。

表 6-2　最小彎曲半徑

材　　　質	與軋延方向成直角	與軋延方向相平行
SPCC	0	0.4 t
SPCD	0	0.4 t
SPCE	0	0.2 t
S35C	0.3 t	0.8 t
SK 4	1.2 t	2.0 t
SUS 304	0.5 t	1.0 t
A 1100	0	0.2 t
A 2024	0	0.2 t
銅	0	0.2 t
黃銅	0	0.2 t

最小彎曲半徑會因材料的軋延方向 (圖 6-18) 及彎曲線的方向關係而異。
如圖 6-19(a)所示，當軋延方向與彎曲線呈直角關係時，可以得到最小的
彎曲半徑。當軋延方向與彎曲線互相平行時 (圖 6-19(b))，最小彎曲半徑變
成最大。當軋延方向與彎曲線成為交叉的角度時 (圖 6-19(c))，則為介於直

角與平行關係間的中間狀態。此關係當然會對彎曲部的強度有影響,與
軋延方向相平行的彎曲,其彎曲部強度最弱。使用在彈簧等的彎曲製品
時,最好是將彎曲線設計成與軋延方向成直角、或是交叉的角度 (30°以上)。

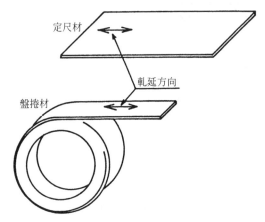

圖 6-18 材料的軋延方向

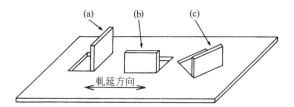

圖 6-19 軋延方向與彎曲的關係

(2)與毛邊面的關係 (圖 6-20)

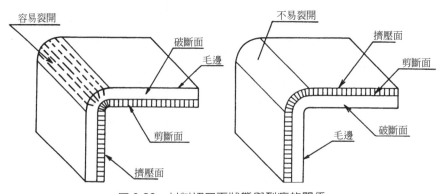

圖 6-20 材料切口面狀態與裂痕的關係

在彎曲加工時，若將毛邊面做為外側進行彎曲，可能會在彎曲線的端部發生裂痕。這是由於受到彎曲伸長的部位變成破斷面的緣故。

當表面粗糙度不佳時，即使在材料的伸長極限之下，破斷面上也容易發生裂痕。若將表面粗糙度良好的剪斷面側 (擠壓面側) 當做彎曲外側時，直到接近材料特性的伸長量也不致發生裂痕。

從上面的說明也可了解，毛邊並非直接與彎曲的裂痕有關，而是具有毛邊面＝破斷面側、擠壓面＝剪斷面側的關係，由於毛邊面、擠壓面很容易識別，在平常使用時要注意。

(3)彎曲線與輪廓形狀的關係

如圖 6-21(a)所示，若彎曲的彎曲線與輪廓形狀一致、或當彎曲線位於輪廓形狀的內側時，容易在彎曲線端部產生裂痕。這是由於在彎曲線的端部位置，與彎曲同時發生的材料自由移動受到阻礙所致。同樣如圖 6-21(b)所示，有 2 個邊被彎曲的形狀時，相交部位的材料移動也受到阻礙，變成容易發生裂痕。尤其當彎曲範圍窄 (板厚的 8 倍以下) 時，會變得很明顯。在圖 6-21(c)之類的切口彎曲形狀時，也一樣容易發生裂痕。

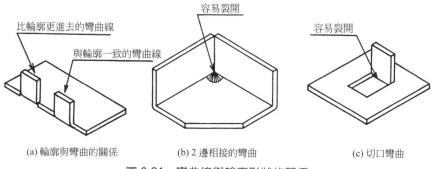

比輪廓更進去的彎曲線
與輪廓一致的彎曲線
容易裂開
容易裂開

(a) 輪廓與彎曲的關係　　(b) 2 邊相接的彎曲　　(c) 切口彎曲

圖 6-21　彎曲線與輪廓形狀的關係

其對策如圖 6-22 所示，將彎曲線及輪廓形狀等移到不會造成阻礙的位置，或採用加設逃逸處等的方法來處理。

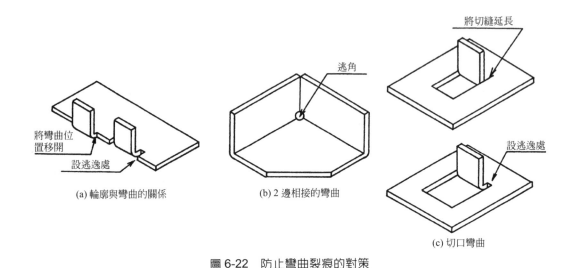

(a) 輪廓與彎曲的關係 　　　(b) 2 邊相接的彎曲

將彎曲位置移開

設逃逸處

逃角

將切縫延長

設逃逸處

(c) 切口彎曲

圖 6-22 　防止彎曲裂痕的對策

6-4 彎曲模具的構造及條件設定

1. V 形彎曲模具

　　V 形彎曲是彎曲加工中最基本的項目，構造如圖 6-23 所示。小形模具的工件定位多採用圖中所示的方式、與沖模做成一體，但亦常用板子等的其它件做為定位。

　　V 形彎曲模具的條件設定通常如圖 6-24 所示。將餘隙指定成與材料的板厚相同，當模具已裝在沖床上時，用沖床的行程調整進行設定。

　　若製作出的模具偏離標準條件時，彎曲製品會變成何種狀態則如圖 6-25 所示。此外，當彎曲肩部的寬度太小時，將使彎曲不能順利進行。會造成在彎曲部發生缺陷的事故。除此之外，V 形彎曲還會發生的事故則為扭曲。

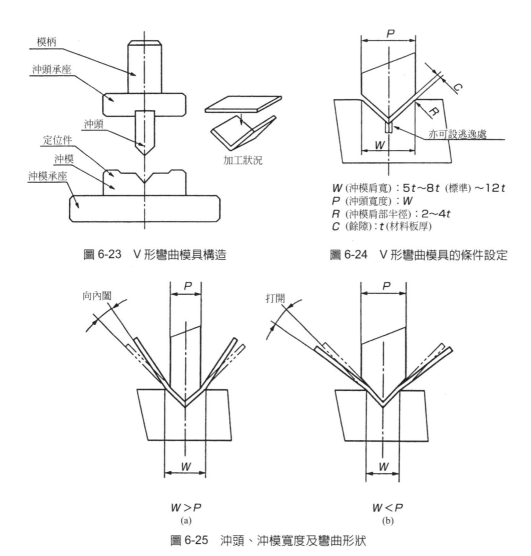

圖 6-23　V 形彎曲模具構造

W (沖模肩寬)：5t～8t (標準) ～12t
P (沖頭寬度)：W
R (沖模肩部半徑)：2～4t
C (餘隙)：t(材料板厚)

圖 6-24　V 形彎曲模具的條件設定

W > P
(a)

W < P
(b)

圖 6-25　沖頭、沖模寬度及彎曲形狀

　　由於 V 形彎曲是用沖頭前端及沖模肩部共 3 點進行材料的彎曲，因此，若有以下的狀況時：

　　(1)沖模左右肩部的 R 值大小不同

　　(2)沖模左右肩部的表面粗糙度不同

　　(3)沖頭、沖模的安裝狀態有扭曲

　　有這類的情況時，會發生如圖 6-26 所示：左右側的彎曲尺寸不均、形狀有扭

曲。令沖模左右肩部的形狀相互一致、仔細進行沖模肩部的研磨，也是非常重要的事項。

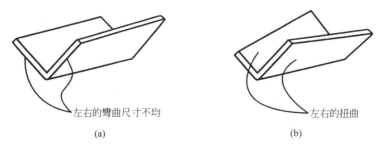

左右的彎曲尺寸不均　　　　　　　左右的扭曲

(a)　　　　　　　　　　　(b)

圖 6-26　Ｖ形彎曲加工的事故狀況

2. L 形彎曲模具

L形彎曲模具如圖 6-27 所示，有上彎曲構造及下彎曲構造。兩者的使用區別要由製品的大小及形狀來判斷，依操作性或保持品質等的觀點而決定。其使用區別並沒有特別的規則。

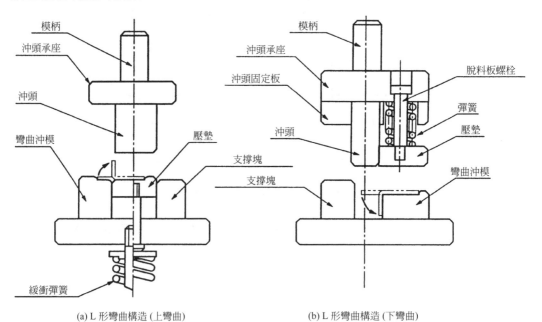

(a) L 形彎曲構造 (上彎曲)　　　　　(b) L 形彎曲構造 (下彎曲)

圖 6-27　L 形彎曲模具

L 形彎曲加工的特徵在於：用壓墊將材料壓住的同時進行加工。由於採用這

種做法，故亦稱爲壓著彎曲。壓墊稱爲材料壓塊。上彎曲構造的壓墊稱爲反向壓塊。

　　L 形彎曲模具的條件設定如圖 6-28 所示。此處的 R 值是材料的滑動 R 值，在下彎曲構造表示沖頭肩部半徑，在上彎曲構造表示沖模肩部半徑。不同構造的設定值不同，這點必須注意。當此滑動 R 值小時，會發生如圖 6-29(a)所示、在彎曲凸緣部的缺陷或衝擊線。嚴重時，亦可能造成材料被削掉。這是由於彎曲變形時受到不當外力所致。亦有可能如圖 6-29(b)所示：彎曲部發生大的伸長量，成爲中間變細的形狀。

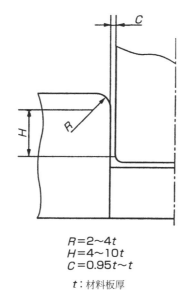

$R = 2 \sim 4t$
$H = 4 \sim 10t$
$C = 0.95t \sim t$

t : 材料板厚

圖 6-28　L 形彎曲模具的條件設定

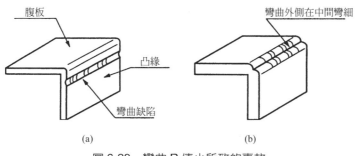

(a)　　　　　　　　　　　(b)

圖 6-29　彎曲 R 值小所致的事故

　　壓著彎曲加工如圖 6-30 所示，受到彎曲加工時的彎曲力矩，使材料有翹起來的傾向。同時，腹板會被拉向沖頭方向 (滑動 R 部)。用來防止這 2 種現象的是：壓墊的材料壓著力。材料壓著力等於腹板面積 ×彈簧壓，材料壓著力的強度最好接近彎曲加工力。如果腹板的面積大，採用較小的材料壓著彈簧力亦可，但若腹板小的話，即使加大彈簧力也得不到須要的材料壓著力，成為彎曲尺寸不均或變形的原因。因此，在 L 形彎曲加工的工程設定時，必須儘量加大腹板的面積。

　　前述的對策方面，在彎曲圖 6-31 之類的形狀時，經常利用孔做為定位，同時也做為彎曲加工時的材料受拉對策。這種想法雖好，但彎曲加工時會造成孔的變形。彎曲後，經常會發生不能將製品從模具中取出等的問題。即使有導銷的作用，仍須要具備足夠的材料壓塊。

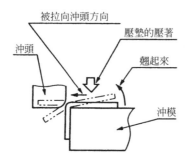
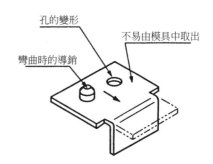

圖 6-30　在 L 形彎曲時的材料動作　　　圖 6-31　L 形彎曲加工的導銷

　　要了解餘隙對彎曲加工的影響，可以用圖 6-32 所示者為例。若餘隙小時，會在凸緣部造成直立缺陷，嚴重時則在凸緣部形成階梯狀，亦可能發生與滑動R值小時相同的情形、彎曲 R 部出現中間變細而裂開。凸緣部有時也會翹曲。

　　沖頭、沖模唧接深度的影響方面則如圖 6-33 所示，當唧接量較淺時，彎曲角度會向外翹、不能依模具變成欲彎曲的形狀，當量較深時，則要考慮凸緣翹曲等的影響。

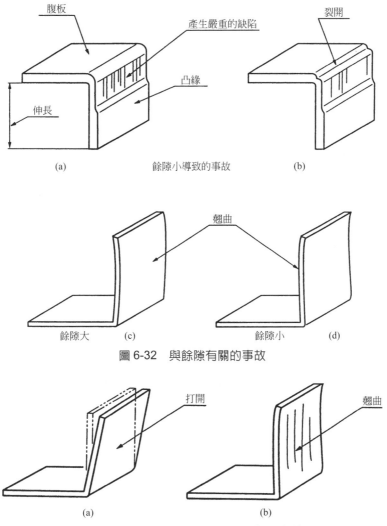

圖 6-32　與餘隙有關的事故

圖 6-33　沖頭、沖模啣接深度的相關事故

3. U 形彎曲模具

如圖 6-34 所示，U 形彎曲模具亦如 L 形彎曲、有上彎曲構造及下彎曲構造。兩者的使用區別方面，可採用和 L 形彎曲相同的判別法。這類的 U 形彎曲模具也與 L 形彎曲一樣、為壓著彎曲，但因 U 形彎曲是將兩側同時彎曲，在 L 形彎曲會發生材料向滑動 R 部方向移動的事故，這裡則不會發生。其它事故 (滑動 R 值的大小、餘隙、沖頭・沖模的啣接深度等) 的相關內容與 L 形彎曲時相同。

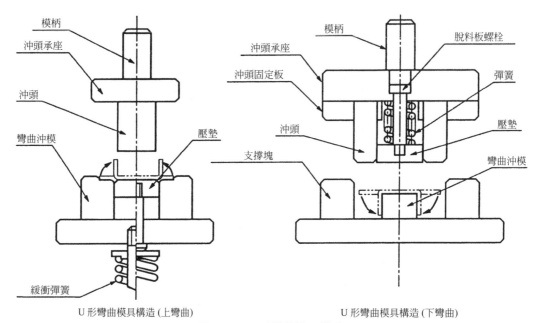

U形彎曲模具構造 (上彎曲)　　　　　　　U形彎曲模具構造 (下彎曲)

圖 6-34　U 形彎曲模具構造

　　U形彎曲也可以用圖 6-35 所示構造的模具來加工。使用這種構造的模具加工時，沖頭下的材料受到彎曲力矩作用，會如圖 6-36(a)般彎曲。若沖頭到達下死點時的材料壓著弱，U 形彎曲的凸緣部會形成向外開的變形，若是完全壓到底時，則朝向內側變形。

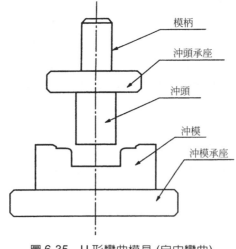

圖 6-35　U 形彎曲模具 (自由彎曲)

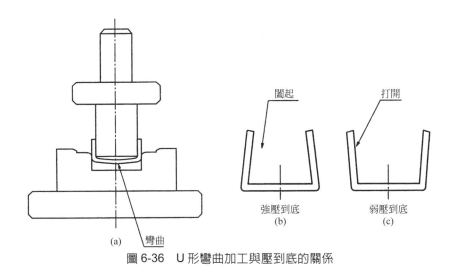

圖 6-36　U 形彎曲加工與壓到底的關係

在壓著彎曲構造的模具也有相同的現象，視壓墊壓著力的強弱，U 形彎曲的凸緣部會打開或向內闔。

V、L形彎曲時，加工出來的製品不會有咬住沖頭或沖模而取不出來的狀況，但在U形彎曲時，若凸緣部向內闔，就會發生咬住沖頭取不下來的情況。因此，須要如圖 6-37 所示、使用固定脫料板將附在沖頭上的製品扒下來。固定脫料板以外的方法則如圖 6-38 所示。

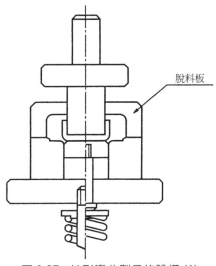

圖 6-37　U 形彎曲製品的脫模 (1)

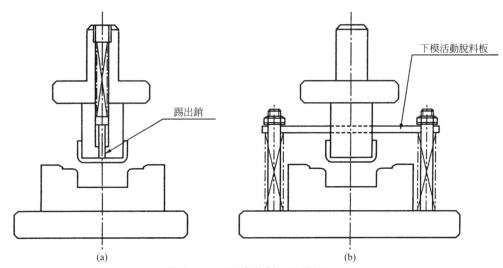

圖 6-38　U 形彎曲製品的脫模 (2)

　　用銷壓出腹板的方法，在腹板寬度大的製品時，腹板會有翹曲。採用壓出凸緣端部的方法時，若左右凸緣的高度不同，須要配合其差值進行脫模，否則可能使製品的彎曲角度不固定。

4. Z 形彎曲模具

　　常用的 Z 形彎曲模具，有圖 6-39(a)所示、無材料壓塊的模具構造，及(b)~(d)所示、有材料壓塊的模具。無材料壓塊的模具構造多使用在 Z 形彎曲的階梯差約為材料板厚 1~2 倍的製品加工，有材料壓塊的模具構造則可加工階梯差距大的製品，但 Z 形彎曲的特性是階梯差距大小以材料板厚的 5 倍程度為最大，超過該範圍時，容易在彎曲部產生裂痕、或是在 Z 形彎曲垂直部位的材料板嚴重變薄。

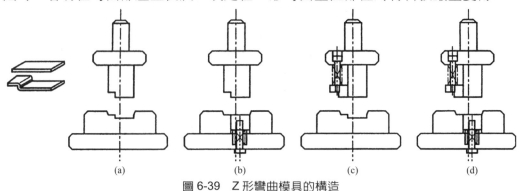

圖 6-39　Z 形彎曲模具的構造

　　沖頭、沖模肩部半徑的數值越小時，階梯差值的極限高度會隨之降低。Z 形彎曲模具的構造雖有許多限制，但在連續模具中經常使用到應用 Z 形彎曲構造的各種形狀加工。

　　以上所述爲基本的彎曲模具構造。連續加工時，或是直接使用這類的構造、或是加以應用，以對應於各種各樣的彎曲形狀加工。要使包含彎曲加工在內的連續加工能順利進行，對於彎曲模具構造、設定條件、以及其變化所衍生的事故內容，必須充分了解其基礎。

6-5　彎曲連續加工的基礎

本段目標

- ■ 了解連續加工中料橋的作用。
- ■ 了解彎曲加工與舉昇的關係。
- ■ 了解活動脫料板結構的模具在上彎曲與下彎曲方面的差異。
- ■ 了解製品如何回收。
- ■ 了解彎曲工程的設計方法。
- ■ 了解彈回的對策。
- ■ 了解與彎曲加工有關的變形及對策。

　　單站工程是將胚料逐次進行加工以做出製品，如圖 6-40 所示、各工程間沒有關連性，在各站模具固定胚料位置後進行加工。連續加工則是令材料的移動 (進給) 與加工交互進行，直到做出製品。因此，必須如圖 6-41 所示、將胚料與胚料連接起來。此連接部分稱爲料橋。料橋的主要目的是保持胚料位置、可以用穩定的形式移送到下一站，與胚料沖剪加工時的進給橋、邊橋具有不同的意義。

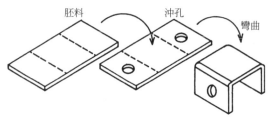

圖 6-40　單站加工的工程

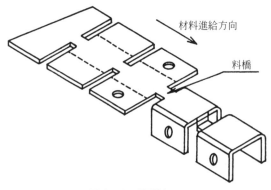

圖 6-41　連續加工

　　圖 6-42 所示為料橋的基本形式。雙側料橋可使胚料保持在良好的狀態，材料寬度方向的導引裝置從頭到尾都不須改變，可以得到穩定的狀態，可說是優良的料橋形式。缺點則是材料利用率多少會變差。單側料橋與中央料橋都容易發生料橋的變形(橫向彎曲)，且隨胚料加工而在寬度方向有形狀的變化，有時可能造成材料寬度方向導引上的困難，但由於製品形狀的限制、或基於材料利用率佳而經常被採用。

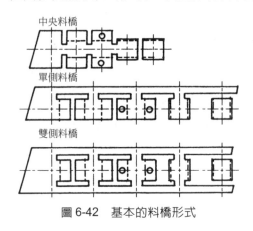

圖 6-42　基本的料橋形式

1. 彎曲加工與材料的舉昇

在連續加工中，將材料由沖模面抬起來者稱為舉昇 (圖 6-43)。此時的高度稱為舉昇量。材料經過舉昇後的位置即為進給裝置執行材料進給時的高度，此稱為進給線高度 (FL：進給高程)。

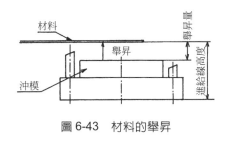

圖 6-43　材料的舉昇

舉昇是為了使材料 (胚料) 在送往下一站時不致受阻，但舉昇太大則會成為加工時的事故原因，並不是理想的做法。事故之所以造成，乃是由於進給結束後、要進行材料的加工時，要靠每次舉昇量的昇降以進行定位，形成不穩定的狀態所致。設計時，最好是在使加工得以進行的狀態下儘量減少舉昇量。

圖 6-44 示範了幾種例子，(a)必須使舉昇達到彎曲高度 h 之上。但若將彎曲改變成(b)的方向，並在沖模上加設逃逸溝，即可減小舉昇量。這些是下彎曲加工時的狀況，若在(c)的上彎曲加工時，舉昇量決定於彎曲沖模的沖模面凸出量 s，與彎曲方向則沒有關連。

(d)與(e)是同時具有上彎曲及下彎曲的場合，舉昇量會因彎曲加工的順序而有很大的差異。在連續加工時，要考慮到舉昇量的大小以決定彎曲順序。

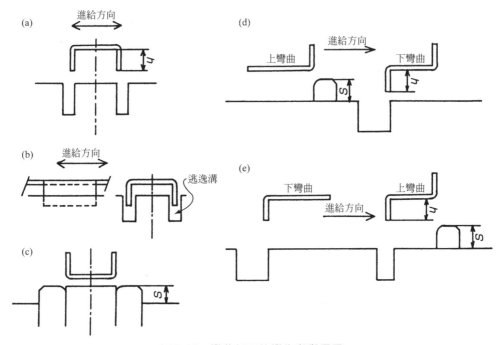

圖 6-44　彎曲加工的變化與舉昇量

2. 加工的時點

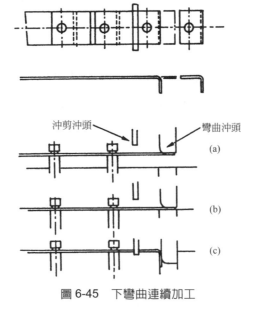

圖 6-45　下彎曲連續加工

　　連續加工時，同一套模具中會同時具有沖剪加工及彎曲加工。圖 6-45 顯示的是使用活動脫料板結構時、下彎曲連續加工的形式。在模具全部的沖頭中，脫料板的位置設定要配合最長的沖頭而定。在此例則爲彎曲沖頭。若使用這種形式的工程執行至加工終了的話：

　　⑴如(a)：上模下降、脫料板面與舉昇後的材料面相接觸。

　　⑵如(b)：在維持材料水平的狀態下，脫料板將材料下壓至沖模面。

　　⑶脫料板的彈簧受到壓縮，比沖剪沖頭更長的彎曲沖頭先開始進行彎曲。

　　⑷如(c)：在到達下死點之前，沖剪沖頭執行其工作，整個加工結束。

　　在下彎曲加工的連續加工時，由於沖剪的加工開始點爲沖模面，故不會有加工上的問題。接下來再看看：使用相同的活動脫料板結構進行上彎曲的連續加工會如何？

　　上彎曲加工時，原則上、彎曲加工要在沖模面結束。因此，彎曲的加工開始點要在沖模面之上、而在材料的舉昇位置之下。沖剪加工的加工開始點爲沖模面，沖剪終了時的沖頭則進入沖模內部。這點會使沖剪沖頭比上彎曲沖頭更長。脫料板的位置要配合沖剪沖頭而設定。用下彎曲構造相同的想法製作 (將彎曲沖頭固定在沖頭固定板上) 出來的模具爲圖 6-46。使用這樣的構造加工的話，會是何種情況呢？

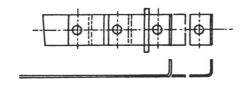

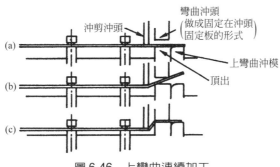

圖 6-46　上彎曲連續加工

(1)如(a)：上模下降、脫料板面與舉昇後的材料面相接觸。

(2)在維持材料水平的狀態下，脫料板將材料向下壓，至接觸凸出於沖模面的上彎曲沖模。

(3)如(b)：在這個時點進行彎曲加工並沒有錯，但由於上彎曲沖頭還在脫料板內部，故無法進行彎曲，在上彎曲沖模部位的材料發生變形、同時材料還在下降。

(4)如(c)：之後，彎曲沖頭與彎曲沖模相接觸，開始進行彎曲。

(5)在到達下死點之前，沖剪沖頭執行其工作，整個加工結束。

在活動脫料板結構的模具時，若將上彎曲加工視為普通情況 (與下彎曲相同的想法) 來製作，就會造成失敗。這是初學者經常招致的失敗。原因是由於在設計模具時，依下死點的狀態作圖所致。下死點表示加工終了的狀態。從舉昇位置到加工終了(下死點)為止的過程中，材料是如何動作的？將這部分省略是造成問題的原因。除了彎曲之外，對於抽製等的成形加工也要經常注意到這點，最好是養成這方面注意的習慣。

3. 彎曲加工的製品回收

連續加工出來的製品並非全部都能通過沖模進行回收。經常也有留在沖模面上的情況。常用的回收方法有：使用空氣吹走、在滑槽上滑動以進行回收等，但將製品做成容易回收的形狀也很重要。圖 6-47 所示，是與製品回收有關的注意事項。

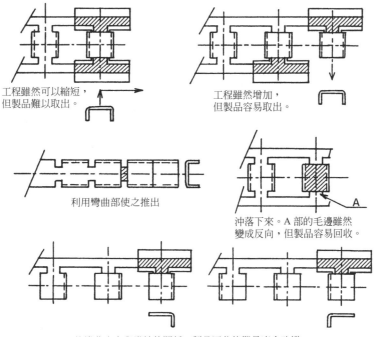

工程雖然可以縮短，
但製品難以取出。

工程雖然增加，
但製品容易取出。

利用彎曲部使之推出

沖落下來。A 部的毛邊雖然
變成反向，但製品容易回收。

依彎曲方向與進給的關係，製品回收的難易度會改變。

圖 6-47　製品回收

4. 彎曲加工的工程設計

(1)決定彎曲基準面

進行彎曲連續加工的工程設計時，首先要考慮的是：將基準面放在哪裡？如圖 6-48 所示，基準面可被視為與製品料橋相連接的面。是以原本的狀態保留到最後的部分。

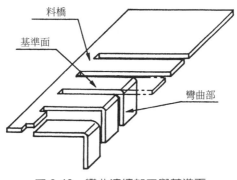

料橋

基準面

彎曲部

圖 6-48　彎曲連續加工與基準面

何以此基準面具有重要性？可用圖 6-49 來說明，圖 6-49(a)為左右凸緣高
度相等的 U 形彎曲製品。這種場合時，自然會如圖 6-49(b)、將中央的腹
板部定為基準以考慮如何彎曲。若如 6-49(c)、左右的凸緣高度不同時，
有時也會採用如圖 6-49(d)所示的工程方式。要考慮模具的製作難易度、
彎曲加工的穩定性，檢討基準面位置以得到最適合的工程設計。

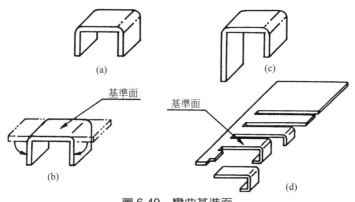

圖 6-49　彎曲基準面

(2)工程設計與加工構造

彎曲製品的形狀要以何種順序進行加工？首先如圖 6-50 所示進行展開。
與展開順序 (①→②) 相反的方向即為加工順序 (②→①)，用這種方式可以
了解彎曲工程的數目及各工程的形狀。這雖然是很簡單的方法，但經常
可以利用這種方法得到的工程形狀將製品加工出來。

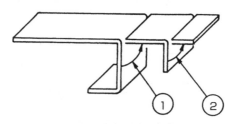

圖 6-50　工程設計的基礎

其次則配合加工順序，檢討個別的加工構造。圖 6-50 的加工構造如圖 6-51
所示。決定加工構造時，要由加工形狀考慮：

①要不要材料壓塊

②沖頭、沖模的形狀

③餘隙

④沖頭、沖模 R 值

⑤沖頭、沖模的唧接深度

等的必要條件。

第 1 道彎曲

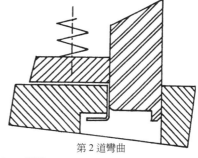
第 2 道彎曲

圖 6-51　加工構造

此時，圖 6-52 中所示的尺寸 a、b，其狀態會使工程設計發生變化。這是由於依形狀決定出的工程設計發生加工構造上的強度問題等，使加工構造無法成立所致。如果發生這類情況，就要設法使彎曲工程與加工構造兩者都不會有問題。

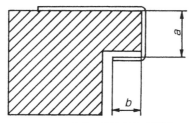

圖 6-52　彎曲形狀及尺寸變化

以下所示為變化的一個例子：

①a→大、b→小……用圖 6-51 的構造 OK

②a→大、b→大……用圖 6-51 的構造或圖 6-53 的構造

③a→小、b→小……用圖 6-54 ~ 圖 6-56 的構造皆可

④a→小、b→大……用圖 6-54 ~ 圖 6-56 的構造皆可

情況如上。依形狀及尺寸的關係而有這類變化。在進行工程設計時,必須時時想到加工的最佳化。對於這個例子以外的彎曲形狀,也要以同樣方式處理。

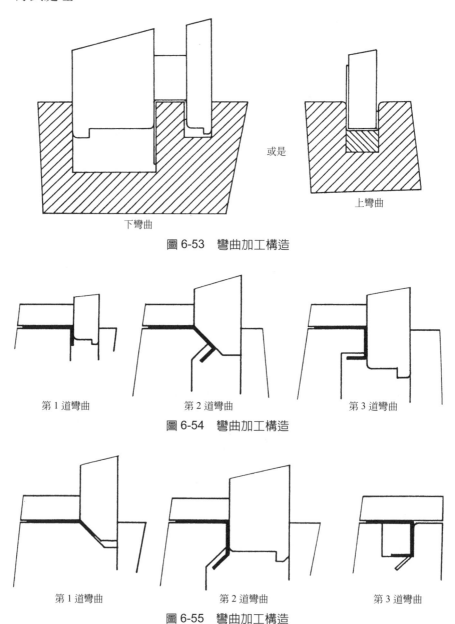

下彎曲 　　　或是 　　　上彎曲

圖 6-53 　彎曲加工構造

第 1 道彎曲 　　　第 2 道彎曲 　　　第 3 道彎曲

圖 6-54 　彎曲加工構造

第 1 道彎曲 　　　第 2 道彎曲 　　　第 3 道彎曲

圖 6-55 　彎曲加工構造

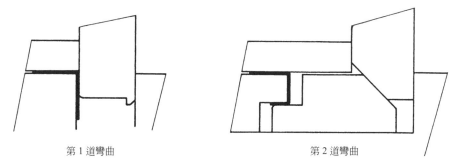

第 1 道彎曲　　　　　　　　　　　　　　第 2 道彎曲

圖 6-56　彎曲加工構造

(3)模具構造與工程平衡

考慮看看圖 6-57 的製品工程設計。

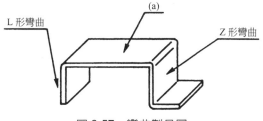

L 形彎曲　　　　　(a)　　　　　Z 形彎曲

圖 6-57　彎曲製品圖

①基準面與彎曲形狀

以圖 6-57 的(a)部做為基準面，思考如何用 L 形彎曲及 Z 形彎曲來構成製品。

②L 形彎曲的工程檢討

圖 6-58 所示，為 3 種常用的 L 形彎曲的形狀加工方法。由於這種製品並不適合採用 V 形彎曲，故由通常的 L 形彎曲或 2 道工程彎曲中擇一使用。

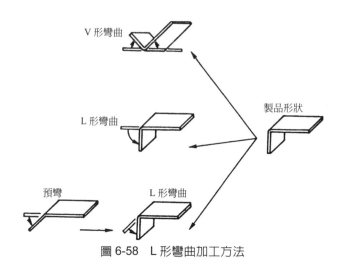

圖 6-58　L 形彎曲加工方法

③Z 形彎曲的工程檢討

　　Z 形彎曲的形狀加工方法以圖 6-59 所示的 3 種最爲常用。在 1 道的 Z 形彎曲加工中，能適用的場合是 Z 的平行部階梯差在 5 t 以下者，如果現在檢討的形狀不能適用的話，就要改採 L 形上彎曲－L 形下彎曲、或 V－L 形下彎曲。

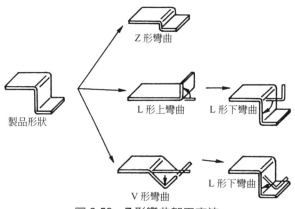

圖 6-59　Z 形彎曲加工方法

④工程設計案(1)

　　考慮最簡單的工程設計時，則如圖 6-60 所示。在第 1 階段進行 L 形上彎曲，在第 2 階段進行 L－L 形下彎曲。如果可以利用脫料板進行 L 形上彎曲的彎曲 (圖 6-61) 時，模具就很容易製作。

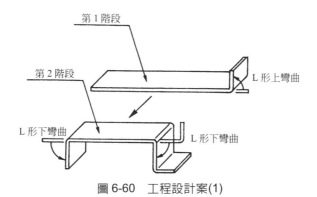

圖 6-60　工程設計案(1)

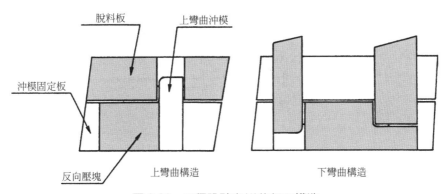

圖 6-61　工程設計案(1)的加工構造

⑤工程設計案(2)

　　這是在不喜歡上彎曲構造時的工程設計。配置中的 L 形彎曲為通常的 1
道彎曲，Z 形彎曲則做成 V 形彎曲－L 形下彎曲的 2 道工程 (圖 6-62)。
V 形彎曲的設計會稍微麻煩些。

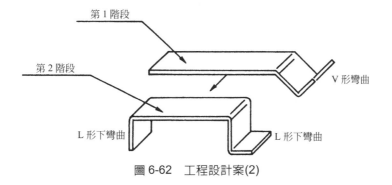

圖 6-62　工程設計案(2)

⑥工程設計案(3)

在工程設計案(1)、(2)中，第 1 階段都是單側加工。如果擔心單側加工可能在彎曲方向發生材料受拉而變形，可採用圖 6-63 所示，將 L 形彎曲亦做成 45°彎曲、90°彎曲的 2 道工程，使加工力得到平衡。

但是，這個例子的形狀並不須要做到這種地步。

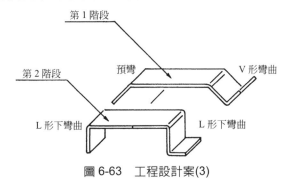

圖 6-63　工程設計案(3)

(4)結論

工程設計時的工作順序如下：

①考慮以何種形狀進行製作。

②以簡單的形狀、工程爲優先選擇。

③考慮加工構造，以檢討該形狀的加工能否成立。

④在構造上有弱點、有品質問題等的疑問時，要考慮有哪些方法可以改善那些問題點。

⑤進行多道彎曲時，要檢討各階段內的加工變形、加工平衡。當平衡不良、或對材料進給等有影響時，要再檢討各階段內的加工內容。

對以上的內容加以檢討，使加工的最佳化得以實現 (盡力做到最好)。

6-6　彈回對策

1. 彈回 (spring back)

在通常的沖剪加工中，一定會產生毛邊，即使只是少量而已。在彎曲加工

時，也有和沖剪毛邊一樣無法避免的事，就是會發生彈回。所謂彈回，是指加工後的製品未能如模具所設定出的彎曲角度般製作出來，而是如圖 6-64 所示，其彎曲角度有打開或闔起的現象。

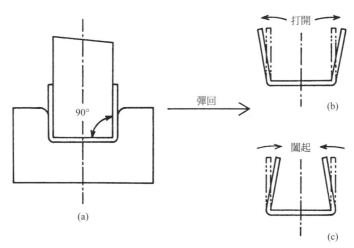

圖 6-64　彎曲加工的彈回

　　通常，彎曲後的角度是打開的。在特別的條件時，才會闔起來。因此，也有許多人以為彈回是指彎曲角度打開的現象，而將彎曲角度闔起的現象稱為彈前 (spring go)。對現象的統稱則為彈回。

2. 盤捲材的捲曲傾向

　　在彎曲角度的變形要因中，有一項是盤捲材的捲曲傾向。連續加工通常使用的是盤捲材，解捲後的材料會如圖 6-65 (a)所示、仍殘留著盤捲時的捲曲傾向。若使用這種狀態的材料進行彎曲加工，就會變成如圖 6-65 (b)、(c)所示的形狀，總做不出預定的彎曲角度。受到盤捲材的捲曲傾向影響，會使製品難以順著模具製作出來，因此須要用材料整平機加工至平整的狀態。曾經見過對此不留意、反而去修整模具的例子，所以希望對此要加以重視。

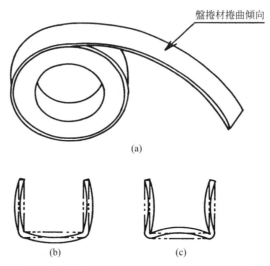

盤捲材捲曲傾向

(a)

(b)   (c)

圖 6-65   由於盤捲材捲曲傾向導致的變形

3. 腹板狀態導致的變化

在 U 形彎曲加工時，沖頭下的腹板受到彎曲力矩作用，會如圖 6-66(a)般翹曲。若將這種形狀的製品由模具中取出，由於受到腹板部位的彈性力，腹板傾向於回復原本平坦的狀態 (此亦為彈回)，使得彎曲角度如圖所示般打開。但是，若條件有所改變、相對於材料板厚的彎曲寬度變大的話，在中途所形成如圖 6-66(a)的形狀可能會在到達下死點之前反轉，變成圖 6-66(b)般的翹曲。這種情況時，彎曲角度則會朝闔起的方向變化。

4. 沖頭‧沖模啣接深度的影響

如圖 6-67 所示，若沖頭與沖模的啣接深度太深時，可能會使凸緣部分產生翹曲，變成彎曲角度打開的狀態。當彎曲餘隙比板厚小時，此現象尤其顯著。這是受到沖頭與沖模將材料勒緊造成的影響。當凸緣尺寸在材料板厚的 50 倍以下時，最好將沖頭‧沖模的啣接深度設定在 3t～10t 之間。

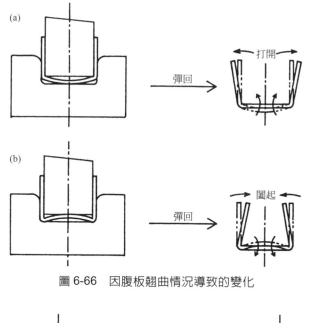

圖 6-66　因腹板翹曲情況導致的變化

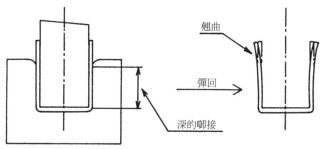

圖 6-67　沖頭‧沖模啣接深度的影響

5. 在彎曲變形時產生的彈回

　　彎曲加工時，材料在狹窄的範圍內受到彎曲變形的作用，材料因而彎曲、做成所要的形狀。此時，如圖 6-68 的放大圖所示，以中立面為界線，其外側的材料被拉長、內側則被壓縮。受到拉長、壓縮的材料區域內，具有回復到原本狀態的彈性力 (反力)，一旦製品與模具脫離、加諸材料的拘束力消失時，會因反力而使彎曲角度產生變化。反力與彎曲半徑 (彎曲內側的半徑) 成正比。

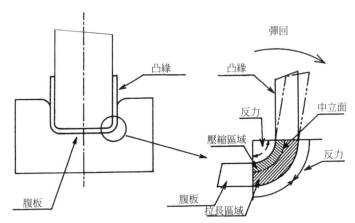

圖 6-68　在彎曲變形時產生的彈回

　　一般所謂的彈回對策，就是指對這種現象所做的處置。但正如之前所述，有時也會受到腹板的翹曲、沖頭‧沖模的唧接深度、甚至材料盤捲時的捲曲傾向等影響。不能僅從單方面來擬定對策，其相關要因也必須考慮，才能做出彈回的對策。

6. 彈回對策

(1)靠調整 (setting) 的對策

　　所謂調整，是使彎曲部受到壓縮力作用，用以打消彎曲部反力的方法。

　　如圖 6-69 所示，其方法有 2 種。

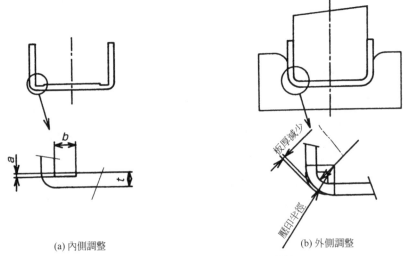

(a) 內側調整　　　　　　　　　　　　　(b) 外側調整

圖 6-69　靠調整彎曲部的彈回對策

①內側調整法 (圖 6-69(a))

由彎曲內側將板厚壓縮，以做為彈回對策者。圖中的尺寸 a 約取為 0.05t ~ 0.15t，尺寸 b 約取為 1.5t ~ 2.0t。通常是改變尺寸 a，以調節彎曲角度。適合用在彎曲半徑小的製品。其缺點是：彎曲部的強度會降低。

②外側調整法 (圖 6-69(b))

將彎曲部外側的 R 部壓縮，以做為彈回對策者。彎曲部的外側半徑雖然須要配合模具而製作，而且由於彎曲部外側的材料受拉，使其板厚減少 (約 0 ~ 25%)，所以難以得知其半徑，但若將板厚減少率取大，決定出壓縮部半徑，再視彎曲角度而調節壓縮部的半徑。這樣雖然不會造成彎曲部的強度降低，但是調節時有難度。

(2)靠壓到底的對策 (圖 6-70)

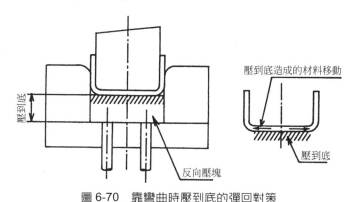

圖 6-70　靠彎曲時壓到底的彈回對策

在下死點將腹板壓到底，使板厚輕微壓縮。被壓縮的材料會向彎曲部方向移動，使彎曲部受到壓縮。藉此可以做為彈回的對策。對腹板寬度窄的產品效果較大，當製品的腹板面積大時，壓到底有其困難，故不適用。

(3)靠調節沖模緩衝壓的對策 (圖 6-71)

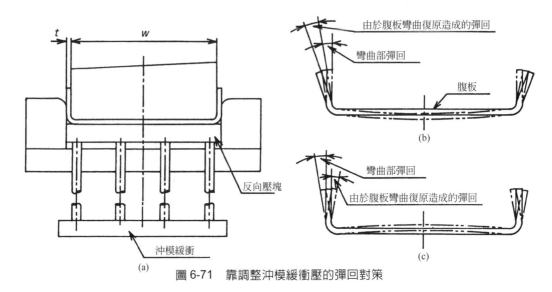

圖 6-71　靠調整沖模緩衝壓的彈回對策

此法常用於腹板面積大的製品。其與壓到底不同，可稱做利用腹板彎曲
變形的方法。在沖模的緩衝壓微弱、不能充分發揮反向壓塊功用的狀態
時，會如圖 6-71(b)所示，彎曲部的彈回與腹板的彈回相累積，成爲出現
在彎曲部的彈回。這種情況時，會變成非常大的彈回量。

如果調節緩衝壓力的話，可使腹板的翹曲反轉，成爲圖 6-71(c)的樣子。
變成這種情況時，腹板及彈回的作用會使凸緣朝內側闔起，彎曲部的彈
回則朝使凸緣打開的方向作用。2 種彈回以互相抵消的方式施加作用力，
因而可以用調節 (用沖模緩衝壓) 腹板翹曲的方式做爲彈回的對策。利用
這種方法時，須要使相對於板厚(t)的彎曲寬度(w) 夠大。在連續加工時，
很少使用這種方法，在自動線或連續自動傳送加工中使用較多。

(4)靠過量彎曲的對策

設定模具的彎曲角度時，預先計入彈回量，當製品由模具中取出、因彈
回而使彎曲角度開大時，恰好成爲所要彎曲角度的方法。圖 6-72(a)所示，
是在腹板側加上過量彎曲角度的方法(由圖可知，此方法容易保持沖頭、
沖模的關係)，圖 6-72(b)的方法則是在沖頭 (或沖模) 加上逃逸角度。在此
方法時，可以將彎曲餘隙設定在較小值。

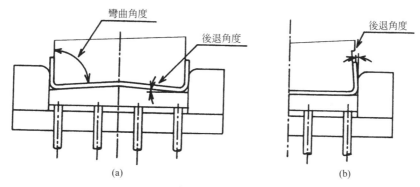

圖 6-72　靠過量彎曲的彈回對策

⑸靠彎曲後修正角度的對策

　　難以在彎曲的同時採取彈回對策者，也可以在彎曲後修正彎曲角度，以
得到須要的角度。尤其在連續加工時，即使略微增加加工站數，沖壓加
工的生產性也不會受到影響，因此，若不能在同一站進行彎曲加工並採
取彈回對策，則多將其分開處理。

　　圖 6-73(a)利用 V 字形的斜面以修正彎曲角度，是最簡單的修正方式。圖 6-73(b)
的方法則利用凸輪等，藉改變其運動方向，從橫向進行修正。構造雖然較複雜，
但可以確實完成修整。

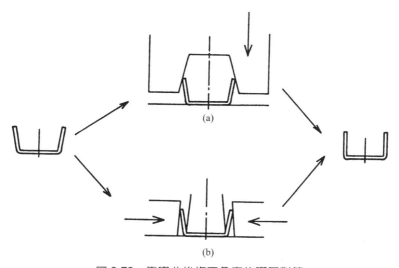

圖 6-73　靠彎曲後修正角度的彈回對策

對於以上所說明的這些彈回對策，亦可將數種方法組合起來，做為採取的對策。

6-7 彎曲加工時的變形及對策

彎曲加工時，材料受到的作用力如圖 6-74 所示。主要的變形現象則如圖 6-75 所示，包括彎曲力矩造成的扭曲變形，以及材料被拉向彎曲沖頭方向所造成的變形。對這些所採取的對策，通常是增加材料壓著力，但若製品形狀的壓著面積小，壓著力也有其限制，有時就會阻止不了變形的發生。如果可以變更製品形狀，最好就是改成沒有加工問題的形狀，但若無法變更時，就必須在加工工程設計時設法處理。

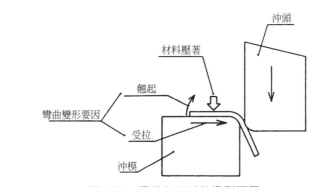

圖 6-74　彎曲加工時的變形要因

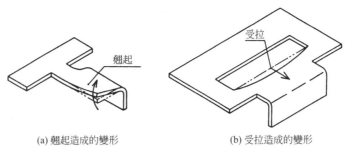

(a) 翹起造成的變形　　　　　　　(b) 受拉造成的變形

圖 6-75　主要的彎曲變形

1. 彎曲與孔的位置關係造成的變形

由於材料受拉所造成的變形，最常見到的就是靠近彎曲部的孔變形。圖 6-76

所示，為不會發生變形的孔位置大致標準。雖然會因孔的形狀或大小而略有差異，但做為日常使用的大致標準並無問題。最好的對策是將孔位置移到不會有問題的位置。當做不到這點時，能夠採取的方法則如圖 6-77 所示。圖 6-77(a)所示為孔的變形圖。

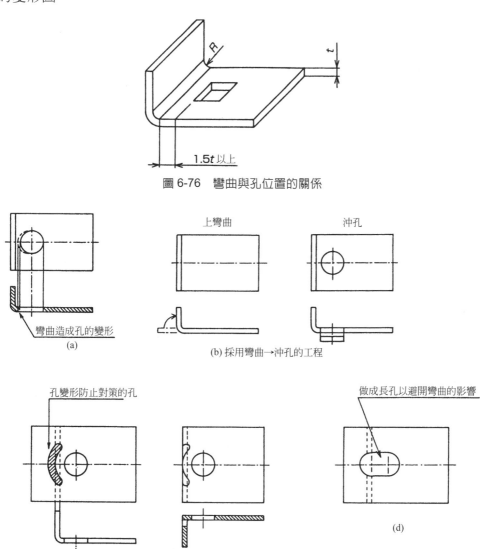

圖 6-76　彎曲與孔位置的關係

圖 6-77　防止靠近彎曲部孔變形的對策

　　圖 6-77(b)為彎曲後進行孔加工的方法。這種方法是由彎曲內側進行沖孔。由於彎曲凸緣跑到沖頭側，沖模不致因為要做出彎曲部的逃逸處而使強度降低。

　　圖 6-77(c)的方法，是在彎曲部設額外的孔 (孔變形的防止對策)，使彎曲變形的影響不會直接傳給原本的孔。

　　圖 6-77(d)的方法是省掉加工額外的孔，將原本的孔變更成不受彎曲影響的形狀。

2. 翹起變形的對策

　　對於發生翹起變形的形狀，須要想到同時也有拉力在作用。在圖 6-78(a)形狀的例子中，由於受拉而使凸緣部的高度尺寸比設定值高，腹板部則容易發生扭曲。這類形狀僅靠材料壓著力並不能使之穩定，當加工油等的若干條件變化時，品質會隨之改變。

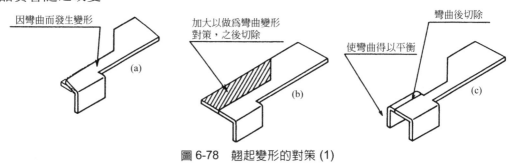

圖 6-78　翹起變形的對策 (1)

　　因此，須要檢討加工工程，就算有若干條件發生變化，也可維持穩定的品質。

　　圖 6-78(b)的方法是活用變成廢料的部分，將材料壓塊的面積加大，以達到穩定化的目的。在連續加工中，對於與剪切沖頭間的關係要加以考慮及檢討。是常被採用的方法。

　　圖 6-78(c)是積極性的對策方式。為了取得平衡，採用與原彎曲幾乎相同內容的額外彎曲，這是使加工力取得平衡的方法。這種方法會使材料利用率變差、模具構造變麻煩等，但代價是可以得到穩定的品質。亦可視製品的形狀，用雙行排列下料的方式減少材料浪費，以提高生產性。

　　如圖 6-79(a)的形狀時，容易因加工造成腹板沖口部分打開、翹起的事故。對於這類形狀，最好以圖 6-79(b)、(c)所示的工程進行加工。由於這類形狀多屬比較小件的形狀，工程設計時必須注意勿造成模具的強度降低。

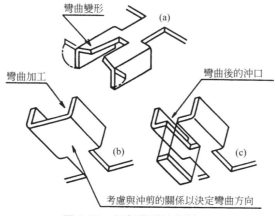

圖 6-79　翹起變形的對策 (2)

3. 加工平衡差時的彎曲加工

　　在圖 6-80 所示形狀的加工例中，左右的加工形狀大小不同。如果用 1 道的U形彎曲加工進行這類形狀的加工，會如圖 6-80(a)所示，寬度大的一側會傾向於向外打開，窄的一側則傾向於向內側闔起。

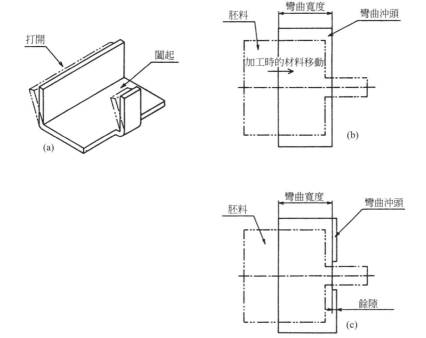

圖 6-80　加工平衡差異造成的變形

其原因如圖 6-80(b)所示，在彎曲加工時，寬度大的彎曲部被拉向沖頭方向，胚料朝箭頭方向偏移。此時，沖頭被材料壓住，彎曲寬度大側的餘隙變大，彎曲寬度小側的餘隙則變窄，做不出所要的彎曲角度。

對策為改成單側分別彎曲，或採用如圖 6-80(c)所示的對策，使沖頭在受到側壓作用時，所設定的彎曲餘隙也不會變動。

4. 加強條、加強肋的影響造成的變形

加強條或加強肋常被採用為彎曲部的強度對策。加強條多先加工在板子內，之後再進行彎曲加工，加強肋則多與彎曲同時進行加工(圖 6-81)。其原因是加強條須要對長的距離進行成形，若與彎曲同時加工，多會產生變形、缺陷，不容易做出製品。

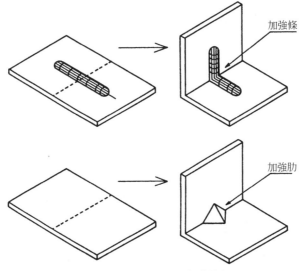

加強條

加強肋

圖 6-81 有加強條、加強肋的加工

加強肋則與彎曲同時進行加工 (進行彎曲加工後，在下死點加工出加強肋)。其原因是，若在彎曲後再加工，其加工有困難，彎曲角度也有變化的可能。

兩者共通的問題點方面，則是加強條與加強肋的製作位置。若如圖 6-82(a)所示，在彎曲寬度的中央者則可，若其位置偏移到如圖 6-82(b)所示，會在凸緣部產生彎曲。

如果發生這種現象，即難有對策，故在一開始就須要檢討，使加強肋、加強條放在中央。

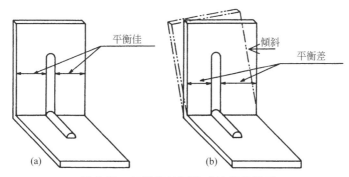

圖 6-82　加強條位置造成的彎曲變形

5. 連續配置設計時造成的問題及對策

　　以上所說明的內容，是由製品形狀所衍生的問題內容、及其對策，另一種問題則發生在連續配置的設計時，因為設計者本身做出有問題的形狀所導致。

　　在連續加工的配置設計時，剪切沖頭(切刃形狀)的配置是由設計者本身來決定。此時，若不檢查與彎曲之間的關係、就進行剪切沖頭的設計，可能在不知不覺間做出前面所述內容的形狀。

　　在設計剪切沖頭形狀時，最好先進行彎曲工程的設計，對可能產生問題的部分加以留意，再進行剪切沖頭的設計。

6-8　彎曲連續模具的設計例

本段目標

- 了解彎曲連續模具設計的順序。
- 了解各站的工作內容 (由製品圖的檢討到展開)。
- 了解帶料配置的彙整方法。
- 了解沖模、脫料板及沖頭固定板配置的彙整方法。
- 了解組合圖設計的內容。
- 了解零件如何設計。

1. 模具設計的著手

　　模具設計的起點是由收到製品圖面 (圖 6-83) 及模具製作規格書 (圖 6-84、圖

6-85) 開始。有時也再加上製作的樣品。

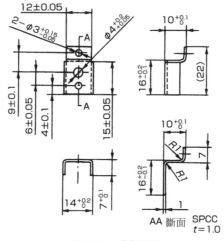

圖 6-83　製品圖

模具製作規格書

No 1			發行　　年　月　日	
製品名稱		零件號碼		
模具號碼		模具交期		

沖壓加工規格		
生產數	月產	10,000個
總壽命		30萬個
取出數		1個
行　數		1行
加工速度		120spm
生產方式	① ✓	連續加工
	②	單站加工
	③	傳送加工
	④	自動加工
備註		

被加工件規格		
材　質		SPCC
板　厚		1.0±
板　寬		
材料形狀	①	小塊板
	②	定尺分切材
	③ ✓	盤捲材

進給裝置規格		
進給裝置機構	① ✓	滾輪
	②	夾爪
進給線高度		90mm±

沖床規格	
加壓能力	30 Ton
沖模高度	210～160
模柄直徑	φ50mm
底座孔	×
沖模緩衝能力	kg/cm² 　　Ton

製品略圖

特殊事項

圖 6-84　模具製作規格書的例子

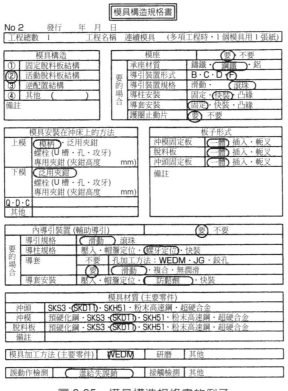

圖 6-85　模具構造規格書的例子

　　模具製作並非立即開始執行。通常都要經過模具評估後才開始。

　　模具評估時，要先提出模具製作的構想，再進行評估。此時，整理出來的模具構想就是模具製作規格書。模具評估可視爲進行模具的概念設計。所得到的資訊即爲模具製作規格書。

　　模具設計則是以模具製作規格書爲依據，運用專業的知識，將模具細節具體化的細節設計。

2. 製品圖檢討

　　製品圖是將機能轉變爲形狀的文件，其內容並不僅適用於沖壓加工方面。這是由於製品設計者通常不是沖壓加工的專家。製品圖的檢討內容有以下 2 項。

　　⑴檢討是否爲沖壓加工能夠做出的形狀

　　　檢討時著重的內容在於：經由改善，使品質、利用率等變得更好；主要

屬於評估階段進行的工作。判斷時的根據是沖壓加工極限或沖壓加工特性。
以圖 6-86 的製品做為具體的例子,在ⓐ及ⓑ所示 2 個位置上有問題待檢
討。ⓐ部位是①的彎曲與②的彎曲相交處,容易產生變形或裂痕。ⓑ部
位則由於彎曲半徑的中心在其內側,也容易產生變形或裂痕。

所實施的對策為圖 6-87。僅將形狀做些微的變動,就可使沖壓加工容易進
行,品質亦得以穩定。圖 6-88 的對策例子則僅對彎曲角部的形狀加以處理。

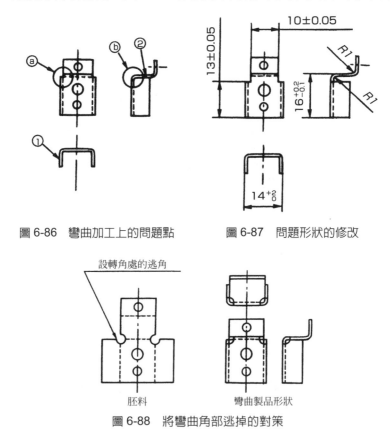

圖 6-86　彎曲加工上的問題點　　　　圖 6-87　問題形狀的修改

圖 6-88　將彎曲角部逃掉的對策

此檢討內容亦包括決定製品與料橋的連接部分、對協調性的內容進行商
議等。

⑵了解製品機能、加工上的要點

對於待加工的製品,了解其將被如何應用,據以考慮彎曲與毛邊的關係、

彎曲與材料盤捲中心孔間的關係等，使製品機能不致產生障礙。

了解製品形狀在加工方面的要點，以判斷是否有須要對加工形狀下工夫處理。

3. 製品圖的改編

此工作如圖 6-89 所示，是用檢討過的內容對製品圖進行整理，並考慮沖壓加工特性，將製品圖面中各尺寸的公差拿掉，轉換成絕對值尺寸。此圖面即成為模具設計的基本圖面。

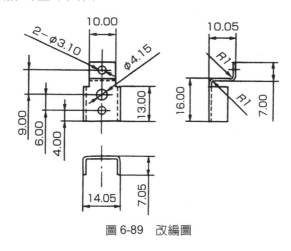

圖 6-89　改編圖

例如： 對於孔的形狀，將目標值設在比中心值大的數值上。這是由於除非在特殊的場合，否則沖孔加工時孔的尺寸不會比沖孔沖頭的尺寸大。

使用 CAD 進行設計時，根據此改編圖的尺寸進行 CAD 的輸入。輸入時若發生錯誤，會不太容易發覺。故對改編圖及輸入後的尺寸都要慎重核對。

進行改編工作時，若將製品圖複製，在該圖面上用紅字等記下目標尺寸或修正形狀，會使工作容易進行。

4. 彎曲展開

圖 6-90 是彎曲展開後的圖面。此展開作業係根據改編圖進行。在改編階段就要將彎曲半徑明確規定，才能進行彎曲展開。

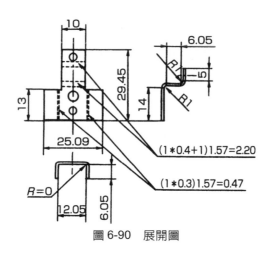

圖 6-90　展開圖

對彎曲高度有嚴格要求的製品，有的會在改編時將彎曲半徑改小、彎曲高度取小。原因是：在試作時，若彎曲高度剛好合於規格或較小時，只要將彎曲半徑加大，很容易就可調整彎曲高度。

展開之後的工作為彎曲的工程設計。此時，如圖 6-90 之類的圖面尺寸，對細部的彎曲工程檢討可能並不太夠。這是由於彎曲區域不明的緣故。最好是如圖 6-91 所示，設法 (記入尺寸或作圖) 使彎曲區域可以明確分辨出來。

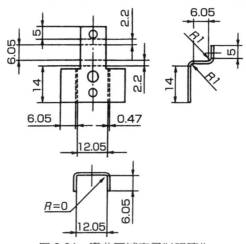

圖 6-91　彎曲區域亦予以明確化

5. 工程分解

進行製品圖檢討時，對製品形狀相關的加工問題點及機能加以了解，並進行

製品圖的改編作業，至展開工作時，又再得到製品的胚料形狀，製品加工所須要的資訊便進入齊備狀態。

　　接下來的工作則是將獲得的資訊加以整理。此整理的工作稱爲「工程分解」。

　　工程分解是將製品形狀分解成沖壓加工要素。

　　所謂的沖壓加工要素，是指沖剪、彎曲、抽製及成形的區分名稱。與一般所謂沖壓加工方法的分類，是相同的。

　　當我們從沖壓加工側來看時，這些手段可以稱爲「方法」，但若從製品側來看時，則可稱這些沖剪、彎曲爲構成製品形狀的「要素」。

　　將製品形狀整理、看待成沖壓加工要素的工作，即爲工程分解。圖 6-92 爲其例子。在簡單的形狀 (這個例子的程度者) 時，工程分解或許並不須要作圖。但是，作圖這個動作可以使設計上應檢討的內容明確化。在學習模具設計的初期階段，最好不要省略這道過程。

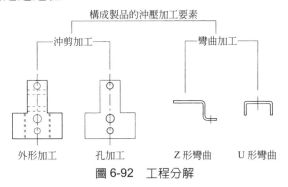

圖 6-92　工程分解

6. 工程設計

　　所謂工程設計，是檢討工程分解後的各項內容，以決定具體的加工方法、彙整出帶料配置形式的工作。在此項工作中，將要決定模具設計時最重要的內容。

　　選擇適合各種形狀的加工方法，預測加工時可能產生的事故並找尋對策。對於與其他加工內容 (沖剪與彎曲等) 間的關係亦予注意，檢討會不會有干涉引發的事故。因此，僅觀察製品形狀是不夠的，必須深入檢討將製品形狀加工出來的構造 (加工構造)，才能算是足夠。

　　檢討順序方面，向來是在展開後做出胚料配置。先決定沖剪加工的部分，這

可說是常識。此項工作多是以材料利用率為中心，根據沖剪加工條件而決定，當考慮彎曲或成形加工時，在胚料排列或節距(胚料的間隔)上會有問題須要處理，有時必須重新進行胚料配置(設計經驗越少的人，這種情形越多)。

　　要說明對這類問題的思考方式，則是在胚料配置前，必須要有設計構想。所謂設計構想，就是要決定彎曲或成形加工的方法。因此，在工程設計時最好先檢討彎曲或成形等的內容。

7. 彎曲工程設計

(1)加工法的檢討

　　在此製品中，有 U 形及 Z 形 2 種彎曲。下面以 Z 形彎曲為例進行檢討。

　　每 1 種彎曲形狀都必定有多種加工方式。在圖 6-93 展示了 2 種加工方案。

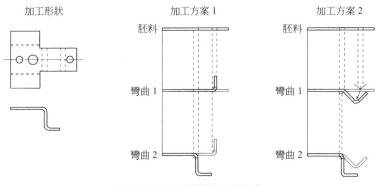

圖 6-93　Z 形彎曲加工檢討

加工方案 1 採用 L－L 形彎曲的方法做出形狀，可說是最基本的做法。2 次的 L 形彎曲則有上彎曲及下彎曲的差別。

另一方案則是用 V－L 形彎曲製作形狀的方法。用 V 形彎曲執行前端的彎曲及頭端的預彎。這種方法的 2 次彎曲都是下彎曲。在 V 形彎曲可以用壓到底的方式，故容易採行彈回對策。但由於 V 形彎曲沖頭下方的材料會向底部方向滑動，若 V 形彎曲沖頭前端的 R 值小，可能會在材料上產生缺陷。此外，當滑動量變大時，彎曲部亦可能產生翹曲。

除了這 2 種方案之外，也可考慮 1 次即做出 Z 形狀的方法 (採用此方法時，Z 形彎曲的平行部階梯差須在板厚的 5 倍以下) 或利用凸輪的方法。

⑵加工構造的檢討

　　在加工構造的檢討時，對於所決定的加工形狀，要進行加工時必須的基
本條件設計，由此而做出所要的構造。基本的條件有：

①彎曲半徑

②滑動 R 值

③餘隙

④有無材料壓塊

⑤沖頭、沖模的唧接深度

等等。對這些內容預測可能的事故，並制定對策，即：

①彈回對策

②沖頭、沖模與彎曲形狀的干涉對策

③彎曲時受拉的變形對策 (受拉是指朝彎曲線方向的材料移動、及沖頭等
　造成的拉起變形)

加上這些對策，以決定加工所必須的構造。圖 6-94 ～ 圖 6-97 展示了加工
構造。

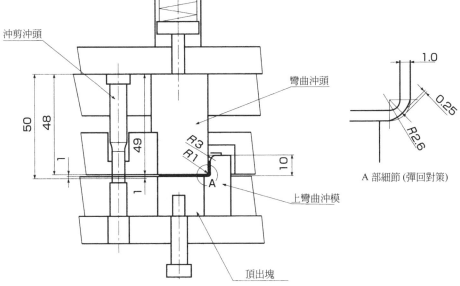

圖 6-94　Ｚ形彎曲加工方案 1 的上彎曲構造 (彎曲 1)

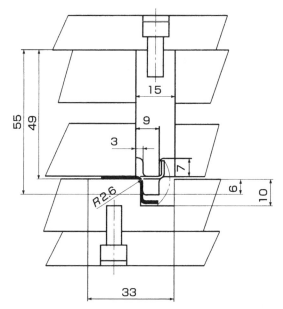

圖 6-95   Z 形彎曲加工方案 1 的下彎曲構造 (彎曲 2)

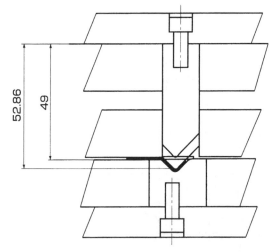

圖 6-96   Z 形彎曲加工方案 2 的下彎曲構造 (彎曲 1)

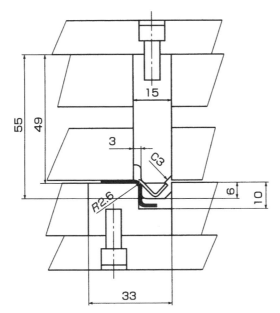

圖 6-97　Z 形彎曲加工方案 2 的下彎曲構造 (彎曲 2)

圖 6-94 為活動脫料板結構時的一種 L 形上彎曲構造。由於上彎曲構造的彎曲起始點比沖模面高，若脫料板下面與上彎曲沖頭前端的高程沒有配合好，就會造成材料變形。其對策是：使上彎曲沖頭的肩部靠在脫料板的後面，用這種做法以確保高程。這種構造為了採行彈回對策，故採用下死點時壓到底的構造。其彈回對策是採用壓縮彎曲外側 R 部的方法。在檢討構造時，對於連續模具必須想到與沖剪沖頭間的關係 (圖 6-94)。由於在沖剪結束後，連續加工的 1 次行程才告完畢。所以，沖剪沖頭的長度及沖剪沖頭插入沖模的深度要明確訂定，彎曲沖頭等的長度設計才容易進行。

圖 6-95 為 L － L 形彎曲的第 2 道工程構造。要避免第 1 次彎曲的形狀與沖頭發生干涉，並考慮與加工時彎曲變形軌跡間的關係，以決定沖頭、沖模的大小及形狀。

彈回對策採用壓縮外側 R 部的方法。此時，若圖 6-95 所示 3 mm 的尺寸 (壓縮外側 R 部所必須的尺寸) 取得太大時，可能會使材料懸吊在沖頭與

脫料板的交界線處，因而使彎曲的形狀產生變形。若取得太小，可能會在彎曲部產生條紋、或造成彈回對策考慮不夠周詳。此尺寸只要比沖頭所附的 R 值略大即可。

圖 6-96、圖 6-97 為 V－L 形彎曲的加工構造例。

一旦決定好這類的加工形狀後，就可以決定其所必須的條件而做出構造。在此所示的例圖中，沖剪沖頭的長度＝50，沖頭插入沖模的深度＝1.0，據此以設計沖頭長度。由於條件不齊全，各塊板子的厚度尚不能決定，但其他許多部分都已可決定下來。

圖 6-98 所示為 U 形彎曲的加工構造。採用的彈回對策是在彎曲內側壓印的方法。

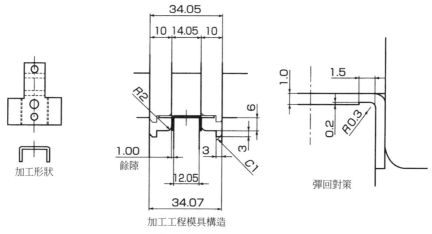

圖 6-98　U 形彎曲的細部檢討

8. 外形形狀加工

(1)胚料配置

經過彎曲檢討之後，彎曲所須要的空間已經明確得知。將其內容納入考慮，以做出胚料配置。圖 6-99 為其例子。

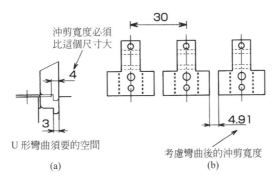

沖剪寬度必須
比這個尺寸大

4

3

U 形彎曲須要的空間

(a)

30

4.91

考慮彎曲後的沖剪寬度

(b)

圖 6-99　胚料配置

圖 6-99(a)表示 U 形彎曲的彎曲狀態。在沖頭加上支撐後跟做為彎曲加工時的側向力對策。當胚料配置做成圖 6-99(b)的形式時，支撐後跟會進入尺寸 4.91 所表示的部位。尺寸 4.91 係考慮該點而決定者 (若僅考慮沖剪時，約取板厚 2～3 倍的大小即可)。

在設計的構想檢討階段時，對於胚料配置要考慮：

①與彎曲加工方法的關係

②與料橋連接方式的選擇

③與舉昇量的關係

④加工完畢時如何取出製品

以決定出最佳的配置構想。

外形形狀採用切除加工做出胚料配置時，最好如圖 6-99 所示，對於材料寬度相關的內容還不要決定。

(2)切除沖頭設計

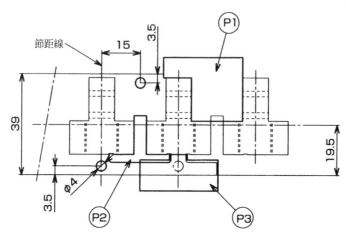

圖 6-100　料橋、前導件、切除沖頭(刀具形狀)的設計(沖剪工程設計)

圖 6-100 所示為切除加工的切除沖頭設計圖。在此工作階段時，要設計：

①進行外形形狀加工的切除沖頭 (刀具形狀)

②與前導件相關的內容

③與料橋相關的內容

於胚料配置時未能決定材料寬度一事，應可由前述事項得到理解。對切除沖頭要注意到：

①形狀加工要做出彎曲加工時所須的部位

②材料強度不致顯著降低，以免造成材料進給上的困難

③加工所須的沖頭數量要少

④且須考慮各沖頭的強度平衡

⑤沖頭、沖模容易加工

以達到最佳化的目標。

在設計切除沖頭時，對於相關的接口部位亦須加以處理，該部分的內容已在前面沖剪加工的章節中說明過了，故此予以省略。

(3)前導件

前導件 (圖 6-100) 分成直接前導件及間接前導件。直接前導件是利用製品

的孔做為前導。間接前導件是將前導孔設在變成廢料的部位，故對製品沒有影響。因此之故，經常被採用。

間接前導件的設計依設計者的考量而定。

①前導件支數：前導件是用來決定材料進給的節距、及防止材料寬度方向的偏斜。因此，基本的做法是在材料寬度方向相距遠的位置設 2 支即可。但若配置等的條件造成執行困難時，則要考慮其他的安排方式。

②前導件直徑：細的前導件能提供的材料矯正力太小，太粗者則可能構成加工時的阻礙。若假設材料板厚約 1 mm 來考慮時，直徑約在 3～12 的範圍內。前導件的直徑要依材料寬度、進給節距的大小成正比加大。當前導件不止 1 支時，最好盡量做成相同的直徑。

③前導件的位置：前導件的位置可以自由決定，但設在節距線上的好處則是容易辨認。距離節距線、中心線的位置要取為整數，這雖然是想當然的做法，但也是要注意的事。

(4)料橋

連接胚料的料橋 (圖 6-101) 其功用是保持進給節距、防止橫向彎曲等。在此處的設計例採用單側料橋的方式，但若可以的話，做成穩定的雙側料橋會較佳。由於考慮到與彎曲製品形狀間的關係，經常採用單側料橋、中央料橋，但強度若不足夠，容易造成橫向彎曲、挫屈，可能影響連續加工能否穩定進行。料橋的寬度越大越穩定，但材料利用率則會變差。

以單側料橋來考慮料橋的大小時：

‧板厚 0.25 mm、進給節距 10 mm → 料橋寬度約 2 mm

‧板厚 1.0 mm、進給節距 40 mm → 料橋寬度約 8 mm

‧板厚 1.6 mm、進給節距 80 mm → 料橋寬度約 12 mm

可做為最小值的大致標準。雙側料橋可取較此為小的數值。中央料橋則依材料寬度的變動而變化。

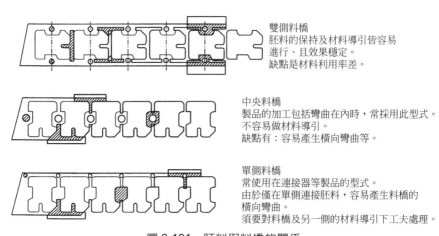

雙側料橋
胚料的保持及材料導引皆容易
進行、且效果穩定。
缺點是材料利用率差。

中央料橋
製品的加工包括彎曲在內時,常採用此型式。
不容易做材料導引。
缺點有:容易產生橫向彎曲等。

單側料橋
常使用在連接器等製品的型式。
由於僅在單側連接胚料,容易產生料橋的
橫向彎曲。
須要對料橋及另一側的材料導引下工夫處理。

圖 6-101　胚料與料橋的關係

9. 沖孔加工

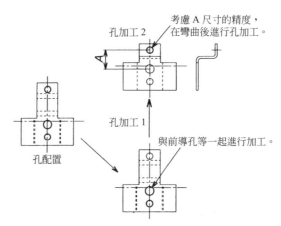

圖 6-102　工程細部設計─沖孔加工的工程設計

　　沖孔加工 (圖 6-102) 若分散在多站內進行時,孔的相關精度會變差,故最好盡量在較少的站數內完成加工。但若由於模具強度等關係,不得不分散處理時,則:

　(1)須要相關精度的孔安排在同一站進行加工。

　(2)分開加工時,最好選擇相接近的站進行加工。相隔遠時,會受到進給的
　　　累積誤差等影響。

　　孔加工通常是在胚料的狀態進行加工，之後再進行彎曲加工，但當有相關精度的孔跨在彎曲線的兩側時，若在彎曲前進行孔加工，會造成尺寸不齊或偏移，故最好在彎曲加工後再進行孔加工。

10. 帶料配置的製作

　　⑴帶料配置的內容

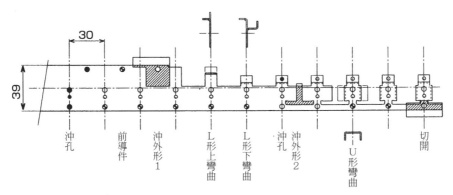

圖 6-103　帶料配置

帶料配置如圖 6-103 所示，在其上表示出由材料至做出製品的加工進展狀況。但若僅由加工的進展狀況來思考，會在組合圖設計時遭遇困難。在帶料配置設計時，必須同時考慮到組合圖 (構造設計) 以進行設計。其主要的注意點有：

①加工順序：注意到材料強度、舉昇量及變形，以做出確保品質、穩定的連續加工。

②前導件配置：考慮配置時，在最初的站附近重視的是進給節距，中段之後的站則以防止寬度方向的偏斜為重點。配置時，盡可能採取等間隔的配置，在重要的加工站附近加入前導件。

③與舉昇塊、導引裝置間的關係：考慮到材料在前導件插入時的變形、拔出時的吊起、或材料進給時勾住的事故等，並注意到材料導引裝置、舉昇塊的配置關係。因此，亦要檢討空站的設置。

④模具強度對策：當在沖模固定板之類的組成件上使用嵌合件 (插入零件)

時，若嵌合件太過接近，會使沖模固定板的強度降低。先想好嵌合件
的尺寸以決定配置。

就算設計時僅僅注意到前述的內容，其內容的分量也已相當多了。因此，
在帶料配置時，最好不要去檢討各站的細節項目。其對策是留到工程分
解後的工程細部設計去處理。到時候會決定的內容為：加工上必須的餘
隙等的條件設定、及加工時必須的構造。在完成帶料配置的安排後，就
很容易判斷其構造是以 1 個站進行即可、抑或須要在其前後加入空站。

⑵帶料配置的設計順序

在工程分解及其後的設計當中，要進行製品構成要素的檢討。在以 CAD
為前提的設計時，已經作圖完畢的部分可以很容易地予以再利用。若將
其加以利用的話，可得到如圖 6-104 形式的圖樣。

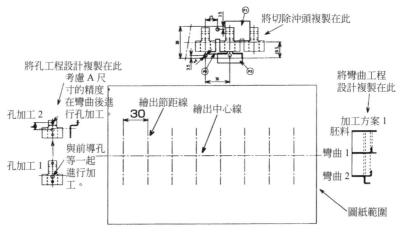

圖 6-104　帶料配置的製作準備

①在圖面上標出中心線及節距線

②將工程分解已檢討過的切除沖頭、沖孔及彎曲加工內容配置在其周圍

以上可說是準備作業的內容。傳統上，由胚料配置開始的作圖，是將胚
料配合加工進展的狀況，做出其形狀以使工作向前推進，遇見複雜的形
狀時，須要費上好一番工夫。可稱為手繪設計的延長線上設計法。

圖 6-105 表示作圖進行中的狀態。工程細部設計的內容被複製出來，配置

在節距線上。採用這種方式可以簡化作圖的工作,並可在設計時仔細檢
查各站的內容。此時,將帶料配置階段分枝出來的內容合併檢討,如:
舉昇塊或導引裝置的相關事項及彎曲加工部位的逃逸等,彙整即成為之
前圖 6-103 所示的形式。這種圖稱為帶料配置圖或概要圖。

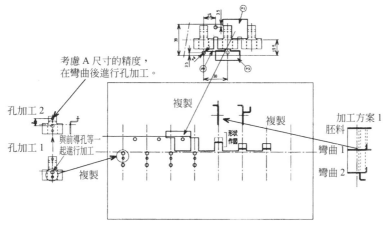

圖 6-105 帶料配置的製作順序

　　帶料配置 (圖 6-106(a)) 又稱為概要圖。用以簡明表示出由材料到做出製品的
過程。從這個圖面再繼續做出組合圖的設計,但在直接進行組合圖的設計之前,
最好先進行圖 6-106(b)所示的設計,如:沖模配置、脫料板配置,並視情況增加
沖頭固定板配置等,做為前置作業。

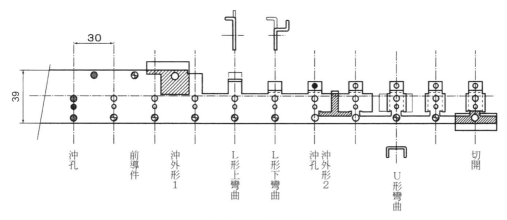

圖 6-106(a) 帶料配置

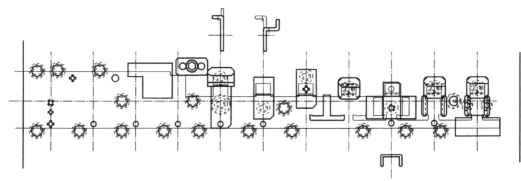

圖 6-106(b)　沖模配置

11. 沖模配置設計

　　由圖 6-106(b)亦可了解，所謂沖模配置就是：對應於帶料配置，將製品加工所須要的沖模構成零件、或加工時須要的彎曲部位等的逃逸，具體決定而得者。

　　其主要內容包括：

　　⑴決定沖模嵌合件、頂出塊等的大小及配置。

　　⑵決定材料導引裝置(板、導銷)的形狀及配置。

　　⑶決定舉昇塊的形狀(不僅限於圓形)及配置。

　　⑷決定前導件的配置。

　　⑸決定彎曲等的逃逸形狀及大小。

　　⑹列出如何取出製品或廢料的想法等。

　　將這些內容集中彙整，就是沖模配置的設計。

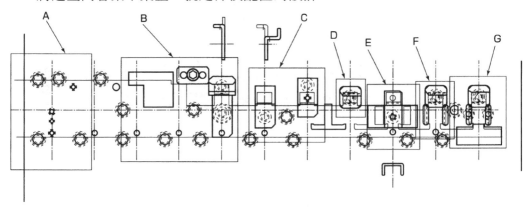

圖 6-107　沖模配置

　　以下將說明沖模配置設計的細節。在圖 6-107 的沖模配置圖中示有 A～G 的方塊。下面即就各方塊逐一加以說明。

(1)A 部細節

　　連續加工時，通常是在一開始的站即進行圓孔加工。這是爲了進行與前導孔有關的加工之故。

　　在這個部分必須注意材料導引裝置，要設法使材料在剛進入模具內時，不會搖晃、可以穩定前進。

　　若使用圖 6-107 A 部之類的舉昇導銷時，要留意的事項有：

　①在最初的站附近，間隔要窄、支數要多。

　②舉昇導銷要盡量接近前導孔，將前導件從材料中拔出時，要注意不使材料被吊起。

　③若有些舉昇導銷的間隔做太寬，會造成模具內的材料挫屈，故要留意將間隔做成均等。

(2)B 部細節 (圖 6-108)

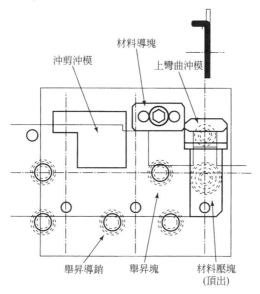

圖 6-108　B 部細節

在這個站開始進行最初的沖口(有時亦稱爲切邊)。在單側料橋或中央料橋

的配置時，材料的輪廓形狀會因沖口而起變化，其材料導引裝置亦須要與之配合改變。

在此例圖中，於沖口後加上塊狀的導引裝置，以防止材料偏移。

由於此導引裝置不能做太大，故常採用圖中所示的方式，用 1 支螺絲及 2 支樺銷 (定位銷) 加以固定。樺銷在導引裝置側採壓入配合，在沖模側的孔則加大約 0.01 mm，使樺銷容易拆出。

在接下來的站 (在此例為上彎曲) 要注意到沖口沖模、材料導引裝置的相關事項 (沖模強度、定位) 並進行檢討。其內容如圖 6-109 所示。

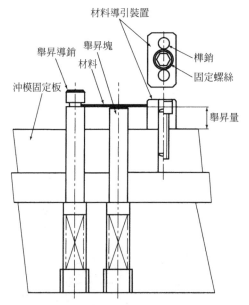

圖 6-109　材料導引裝置與舉昇導銷的關係

在圖 6-109 中，舉昇導銷、舉昇塊及塊狀的材料導引裝置互有關聯，要使其配置取得平衡，使材料在寬度方向、進給方向及上下方向都可以穩定運動。圖 6-110 所示為上彎曲沖模的斷面形狀。此形狀多半是在工程分解後的彎曲工程設計階段決定而得。有時會考慮與其他站之間的關係，將零件尺寸做若干修正。

此處的設計重點在於：與上彎曲沖模、材料壓塊 (頂出塊) 的安裝或保持

有關的內容。

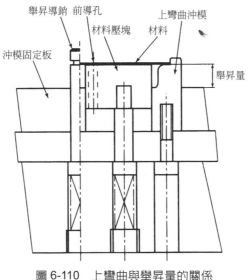

圖 6-110　上彎曲與舉昇量的關係

　　還有一點則是與舉昇量之間的關係。在此圖示中，舉昇量與材料壓塊的面似呈一致的狀態，但舉昇位置要做成比材料壓塊的面略高，在材料進給時，使材料不會靠在材料壓塊上。此外，材料壓塊等的角部當然也要做成 R 角或倒角，以防止勾住的情形發生。

(3)C 部細節 (圖 6-111)

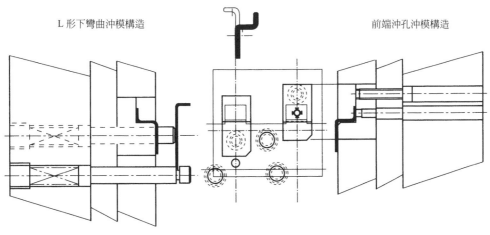

圖 6-111　C 部細節

C 部的站是將上彎曲後的形狀再向下彎曲、以及將 Z 形彎曲後的前端進行圓孔加工。由於這時候的加工側不能加上材料導引裝置，故要設法在其前後的站進行材料寬度方向的導引，並用舉昇導銷及舉昇塊保持水平 (參考 L 形下彎曲的部分)。

在沖孔工程的設計時，要注意組合塊 (嵌合件、插入零件) 的固定及廢料的排出。也要設法使再研磨的工作容易進行。

在防呆設計方面，最好要做倒角、並將組合塊的插入方向做成固定。可能的話，最好將嵌合件的孔 (插入零件孔) 全部的方向都做倒角。

(4)D 部細節 (圖 6-112)

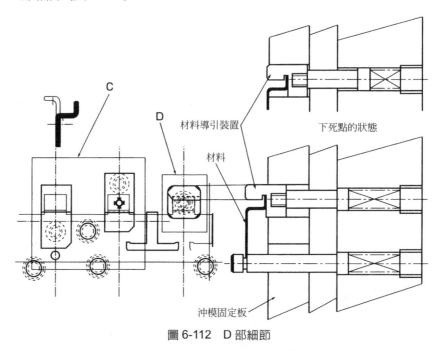

圖 6-112　D 部細節

D 部的例子是設法做出彎曲後的材料導引裝置。此導引例是對舉昇導銷的形狀下工夫。

這類的舉昇塊是用脫料板壓下，故要加上裕度，使舉昇塊不會撞到沖模背板。

⑸E 部細節 (圖 6-113)

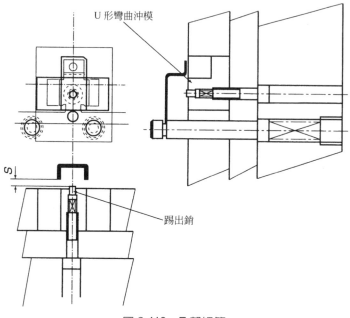

圖 6-113　E 部細節

E 部是 U 形下彎曲工程。這道工程不容易做定位。在 D 部所示的材料導引裝置也可用在此處。

踢出銷的目的是在彎曲後將咬住沖模的材料敲出。若想用這支銷做材料舉昇的話，會在材料進給時使 U 形彎曲的凸緣撞在上面。這是常犯的錯誤。

⑹G 部細節 (圖 6-114)

此工程為最後的工程，是將製品上的料橋切開，並將製品回收的工程。

從料橋切下的製品，以平衡良好的方式舉起，用空氣吹走 (氣送排料)。

平衡良好的舉起方法方面，要對材料導引裝置及舉昇塊的用法下工夫。

在此例是設法用舉昇塊將 U 形彎曲後的板厚部分舉起來。因為 U 形彎曲部是最容易靠住的部位。

在最後的切開、製品回收工程時，要慎重處理舉昇塊等，使排料可以確實進行。

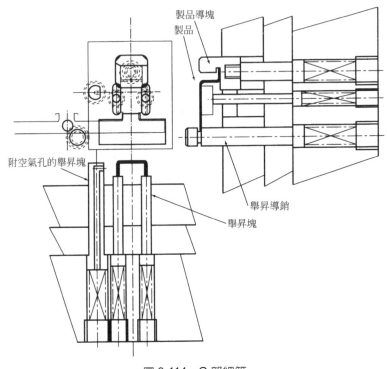

圖 6-114　G 部細節

吹走製品用的空氣並不是將噴嘴裝設在模具外部吹氣，可以採用如圖所示的附空氣孔的舉昇塊。此舉昇塊兼具材料舉昇塊及空氣噴嘴的功能。由於製品被夾在脫料板及舉昇塊的中間，要配合脫料板與製品分開的時點吹出空氣。

以上的說明除了針對沖模配置有關的注意事項外，也包括了沖模配置的概念。

在此可以了解到，與下模設計有關的主要內容，幾乎都已在這個部分的工作中完成了。由此也可得知，只要將不受周邊影響的重要內容集中起來，就可以將工作完成。

細部圖中所示的斷面，則是為了使說明容易了解起見而加上的。

12. 脫料板配置的設計

由帶料配置做出沖模配置後，接下來則要進行脫料板配置的製作。

　　在此例所示的活動脫料板，除了具備脫模機能的基本機能外，亦擔任沖頭導引裝置或利用脫料板進行彎曲等工作。且由於與沖模面相接觸，必須要注意與沖模凸起形狀相對應部分的逃逸處理。

　　要逃掉的不只是這樣，與上彎曲形狀相對應處也要逃掉。後面 (沖頭固定板側) 也有要逃掉的地方。也就是階梯式沖頭或沖頭固定用的鍵等的逃逸處理。經常會發生的設計失誤，就是忘了處理這些要逃掉的部位。

　　對於須要精密沖頭導引裝置的製品，亦經常將沖頭導引的部分做成嵌合件 (插入零件) 的方式。採用這種構造時，必須要將嵌合件固定、不使脫落。這種方法時，有時後面會與前面的逃逸處等互相干擾。在脫料板的設計時，即使細節部分也必須注意。

　　將這類資訊進行整理，就是製作脫料板配置的目的。例圖如圖 6-115 所示。

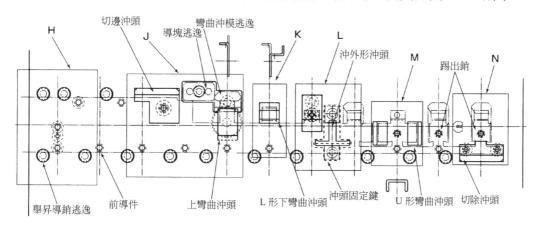

圖 6-115　脫料板配置

　　由於脫料板配置與沖模配置有密切的關係，可以將沖模配置反過來複製，對其進行修正以做出脫料板配置，這種做法可以改進效率。首先要做的事，是要決定凸起部位或上彎曲等的逃逸位置及形狀。

　　逃逸形狀採用沈頭的形式，故多採用端銑刀進行加工。要先想好端銑刀的直徑，以決定逃逸的角部半徑。基於機械加工效率的出發點，應盡量將角部的半徑統一。原則上，要避免採用小的半徑。

後面的逃逸處與沖頭的形狀或沖頭的固定方法有關，最好是製作出沖頭固定板配置，了解相互的關聯後，再據以決定脫料板配置後側的逃逸。

此處為了方便說明起見，先對脫料板配置進行說明，但在實際的設計工作時，可以採用：沖模配置→沖頭固定板配置→脫料板配置的順序進行工作。

在上述的工作之後，再追加上脫料板須要的內容(踢出銷等)，即可完成工作。

對於圖 6-115 中 H、J～N 的記號表示的部分，以下即就其細節加以說明。

(1)H 部細節 (圖 6-116)

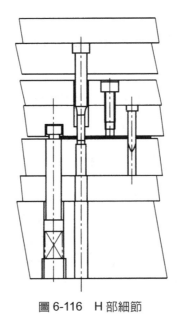

圖 6-116　H 部細節

在此工程中，表示出與材料導引裝置或沖孔、前導件有關的內容。

為了可以使用內導引裝置(輔助導引裝置)，故如本圖所示，增設固定在脫料板上的前導件。理由是：與沖頭固定板有關的孔加工，其數量可以減少，且前導件的凸出量做成固定，可以使前導件導致的材料吊起或孔的變形等事故減少，具有此類的優點之故。

材料導引裝置與材料的關係、舉昇導銷等的逃逸、沖孔沖頭的固定方法之類，這些基本部分都可謂此工程的內容。

⑵J 部細節 (圖 6-117)

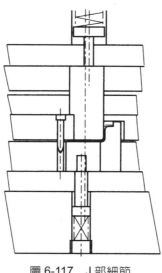

圖 6-117　J 部細節

在此工程展示出切邊、其後的材料導引裝置、及上彎曲的構造。

切邊的目的是做出外形形狀，以成為能夠彎曲的狀態。

經過切邊之後，材料的寬度會改變。由於難以使用舉昇導銷，改採塊狀的導引裝置，故須要在脫料板設逃逸處。為了使逃逸加工容易進行，同時也考慮到使材料容易插入等，凡是凸出於沖模面的零件都要做倒角 C。

視材料導引裝置的安裝位置，有時會使切邊沖頭的孔與導引裝置的逃逸處發生干涉，有時也會因留下的材料太薄而變成強度弱的形狀。在設計材料導引裝置時，必須考慮到這層關係，使設計可以順利進行。

此部分的材料導引裝置，在此處的例圖雖然僅做材料導引之用，但亦有兼任材料導引及進給擋塊的用法。採用這種使用方式的設計時，要使切邊切下的長度較進給節距稍長，藉前導件將該段稍長的量拉回。

在上彎曲時，為了不使上下方向的材料水平發生變動，設計時要使彎曲沖頭下面與脫料板的面相配合。將沖頭做成階梯式，令階梯部位靠在脫料板的後面，以使水平相搭配。沖頭必定是做成活動沖頭的形式，後側

藉彈簧保持位置。由於這種構造是靠彈簧力進行彎曲加工,故彎曲形狀的大小受到限制。雖然亦可用脫料板直接進行彎曲,但選擇使用沖頭的想法,是在下死點壓到底時,力量會集中作用。

(3)K 部細節 (圖 6-118)

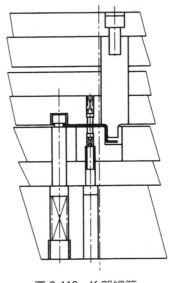

圖 6-118   K 部細節

這個部分是 L 形上彎曲後的 L 形下彎曲工程。由於經過上彎曲之故,無法做出彎曲側的材料導引裝置,故藉舉昇導銷及舉昇塊保持位置。在彎曲加工後、上模分開時,這種型式的部分可能會因油等使材料與脫料板面密接而吊起。在該處要加上踢出銷,以防止此類情況發生。

彎曲沖頭要避免與上彎曲部分有干涉,並考慮沖頭固定方法等,以決定其形狀。

(4)L 部細節 (圖 6-119)

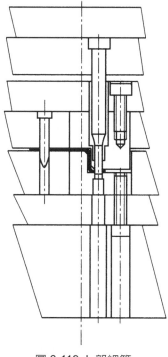

圖 6-119　L 部細節

要對 L 形上－L 形下的 2 道彎曲加工工程做出的 Z 形狀部分進行孔加工。
對 U 形彎曲部分則進行沖外形的工程。圖 6-119 所示，為 Z 形彎曲部分的
沖孔構造斷面。

沖外形部分是用鍵將沖頭固定，要決定其逃逸形狀(此部分的逃逸並不在
脫料板後面，而是加在脫料板背板上)。

有的沖模做成兼任 Z 形彎曲部分前端導引及舉昇塊的零件，但脫料板不
須加逃逸處。

⑸M 部細節 (圖 6-120)

此工程為 U 形彎曲工程。要加上防止附著用的踢出銷。

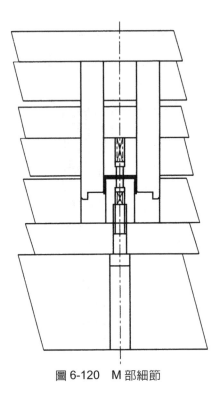

圖 6-120　M 部細節

(6)N 部細節 (圖 6-121)

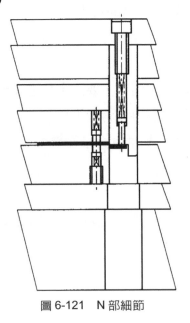

圖 6-121　N 部細節

此工程為最終工程的切下工程。將料橋部分切下，與製品分開。為了不使廢料向上移動，在沖頭加上踢出銷做為對策。在沖模、脫料板兩者都加上踢出銷，則是做為防止製品附著的對策。

13. 沖頭固定板配置

圖 6-122 所示者，為沖頭固定板配置。所表示的內容為沖頭的埋入形狀、及沖頭的固定方法。

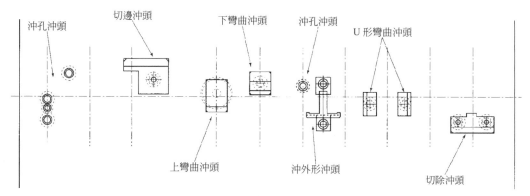

圖 6-122　沖頭固定板配置

在此配置中，由於多為直沖頭，故形式簡單。

將沖頭的固定方法明確化，對之後的板子設計會很輕鬆。使用螺絲固定時，若先將沖頭上的螺紋位置決定下來，在設計板子時就必須靠計算以決定螺紋的位置，有時會變成有零頭的尺寸。如果採用沖頭固定板配置的形式，可以減少之後的混亂，使設計變得輕鬆。

14. 組合圖的設計

對於組合圖設計的前置作業：沖模、脫料板及沖頭配置，已在前面說明過了。在此將要對目前為止準備好的內容做一彙整，就組合圖的設計做一說明。

⑴下模及上模平面圖的設計

圖 6-123 為下模平面圖、圖 6-124 為上模平面圖完成後的形式。兩張平面圖在機能部分的內容，即為進行組合圖的前置作業：沖模配置及脫料板配置所得的結果。

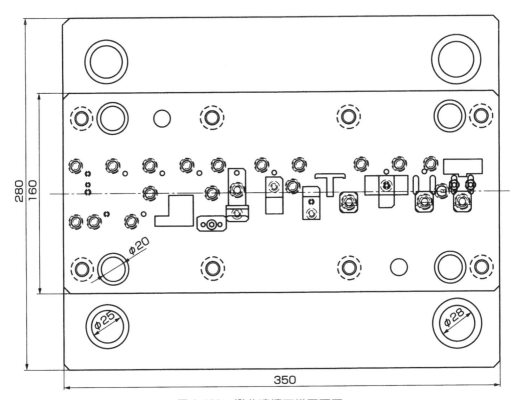

圖 6-123　彎曲連續下模平面圖

　　在圖中依據前面的各配置決定出板子的尺寸、並完成螺絲或彈簧等零件的配置。當模具的構造相同時，在同一家公司內對這些配置的外側部分通常不會做太大的改變。對於構造的標準化等必須下工夫檢討，如此才無須每次都進行相同的製圖工作。

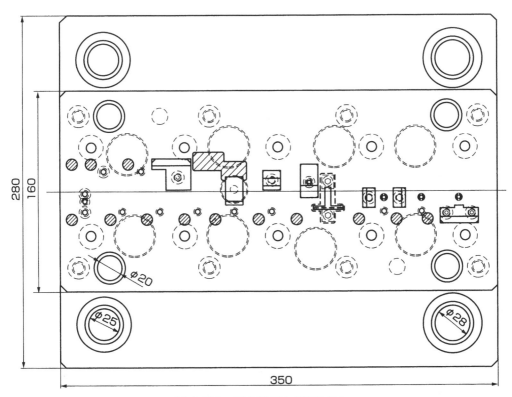

圖 6-124　彎曲連續上模平面圖

(2)組合斷面圖

　　從斷面圖可以清楚了解模具的構造。該部分會花掉許多作圖的時間。圖 6-125 為組合斷面圖。如果在上面將配置好的各工程斷面都表示出來，會花費太多的工作時間。其結果多半使圖面變得複雜難懂，付出多但收穫卻很少。這是由於配置好的內容很難僅靠單一方向的斷面表示出來的緣故。筆者的意見是：在組合斷面圖上，表示到模具構造及標準零件等的共通內容即可，如此可以縮短作圖的時間。如果可能的話，最好將各種模具構造分別做成標準結構圖，在作圖的時候就可以將該部分省略。在斷面圖上要表示的內容則為：使用的標準零件種類及用法、以及基本的主要尺寸如：標準沖剪沖頭長度、沖剪沖頭進入沖模內的深度、沖模高度 (DH) 及進給線高度 (FL) 等。

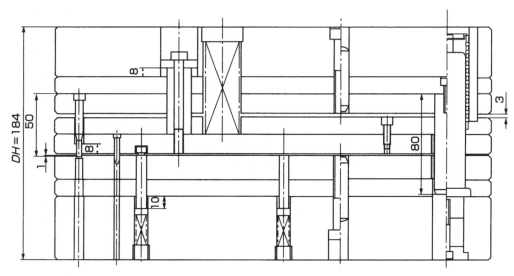

圖 6-125　組合斷面圖

(3)局部斷面圖的活用

　　局部斷面圖可以表示出彎曲沖頭、沖模及頂出塊等的詳細形狀、或上下
的位置關係等與上模、下模有關的內容，對於組裝工作、調整時的尺寸
檢查或修正有許多用處。經由沖模配置或脫料板配置的檢討，可以得到
許多要用局部斷面圖表示的內容。將其整理歸納，即可完成此工作。
以下所示為其例子。

①表示出加工前後的關係 (圖 6-126)

　　除了構造外，也表示出加工前後的關係時，會使其狀態更容易理解。
圖 6-126 除了表示出加工前的狀態，對於包括進給線高度 (FL) 或材料
舉昇狀態、乃至下死點狀態時彈簧相關的撓曲狀態都表示出來，使加
工狀態變得更易理解。

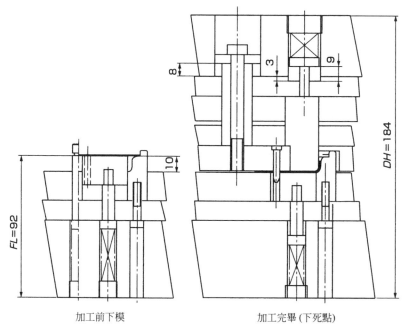

加工前下模　　　　　加工完畢 (下死點)

圖 6-126　L 形上彎曲局部斷面圖

②表示出工程的加工構造 (圖 6-127～圖 6-130)

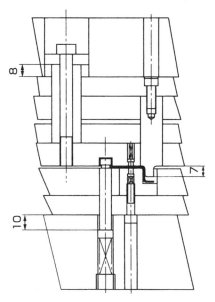

圖 6-127　L 形下彎曲局部斷面圖

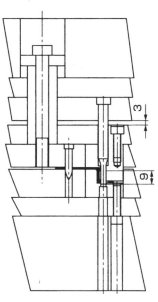

圖 6-128　彎曲前端沖孔局部斷面圖

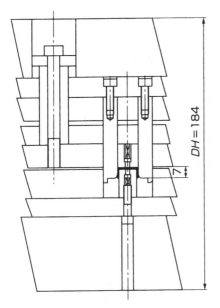

圖 6-129　U 形下彎曲局部斷面圖

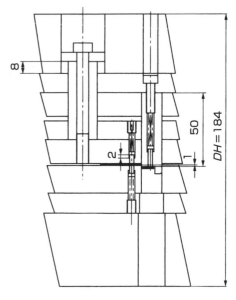

圖 6-130　切下工程斷面圖

圖 6-127 ~ 6-130 表示出各工程的加工構造。藉由局部斷面可以將構造清楚表示。若想要加上零件標示用的圓形記號時，會很容易表示出來，看圖時也很容易懂。此外，也可將認爲重要的尺寸標在上面做爲提醒。

③表示構造的特徵

　　與工程設計的加工有關的構造雖是不可缺少的，但與材料進給或定位有關的內容由於是設計者所決定，不標示出來也無法理解。許多由設計者下工夫做出來的內容，若未經說明是不會了解的。圖 6-131 是其中的一個例子，表示的是彎曲後在材料寬度方向的導引與材料舉昇的關係。將特徵的部分用這種方式表示，不必加上說明也可讓人了解其構造。對於凸輪機構、調節機構，以及爲了使修理容易進行所下的工夫等，常用這種方式表示其內容。

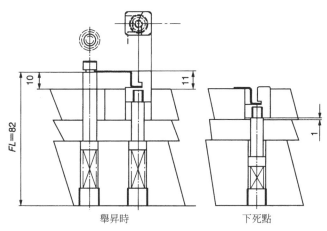

舉昇時　　　　　　下死點

圖 6-131　彎曲後的材料導引部

　　斷面圖是最能將構造清楚表示出來的方式。製圖法中的表現方法也非常多。但若表現的方式不對，也會讓人難以理解。在表現零件的形狀或構造時，最好能做到簡單明確。

15. 板子的設計

　　組合圖完成後，剩下的工作就是零件圖的設計了。組合圖是將模具的構造、零件的配置、組裝的方法等傳達給模具組裝者的工具。在設計組合圖時，如果只是為了這樣的目的，那麼所耗的設計時間就有些可惜了。在設計時還應該想到如何可以使零件圖的設計變得輕鬆。使用 CAD 設計時，若以正確的尺寸繪出組合圖，再將組合圖局部的零件形狀複製下來，對於零件圖所須表示的形狀，追加上其它的視圖等，之後標上尺寸就可以完成零件的圖面。

　　圖 6-132 表示的是沖模固定板 (許多尺寸部分都被省略掉)。這張圖是將沖模配置複製後，再將不要的部分 (嵌合零件等) 刪掉而做成的。之後，在採用線切割放電加工 (W/EDM) 的部分追加上起始孔 (SP)、標上尺寸，以這樣的工作順序進行作圖。視不同板子的狀況，有時也須要增加將攻牙孔變更成螺絲貫穿孔等的工作。

　　在零件設計時，最花時間的工作就是尺寸標示 (對 CAD 及手繪圖皆然)。所標上的尺寸要容易閱讀，且不會產生累積誤差，因此，經常採用累進尺寸標示法。近似的孔等容易被看錯。若對同種類的孔加上識別記號，就會容易分辨。

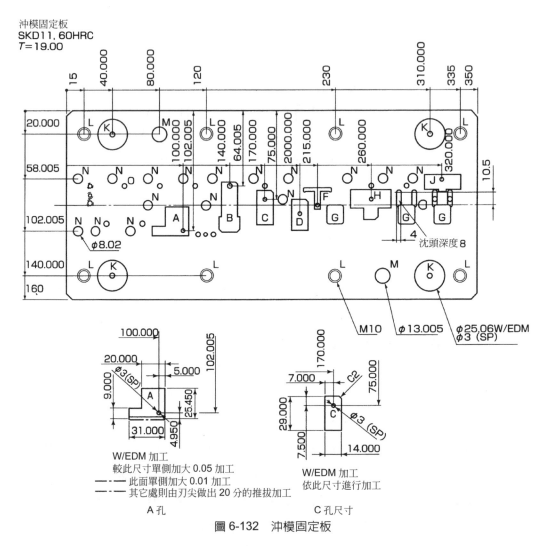

圖 6-132　沖模固定板

　　W/EDM 加工的孔要以 SP 為基準以標示尺寸，對於形狀的細節最好不要繪在圖內，應該利用圖紙的空白部分繪出。W/EDM 加工的孔為切刃或嵌合件等的進入孔。如本設計例的沖剪加工處，雖然須要以加大餘隙量的尺寸進行加工，但若將其尺寸忠實地表示出來，尺寸就要包括許多詳細的數字，不僅不易閱讀，對校圖也不方便。在實際上以 CAD 進行工作時，多採用偏置 (offset) 指令 (作圖的指令、由現有的線朝指定方向移動指定的尺寸量) 進行作圖。

　　製作 W/EDM 加工的程式時，也可以用相同的方式工作，因此可以採用容易

理解的方式標示尺寸，並用容易理解的方式將修正內容繪在圖上 (圖 6-132 的 A 孔：以一點鎖線表示的部分為支撐後跟的部分)。

　　嵌合件的進入孔 (圖 6-132 的 C 孔) 有 2 種做法，或是以嵌合件為基準將孔加大、或是以孔為基準將嵌合件做小。雖然兩者皆可，但筆者採用的是以孔為基準進行作圖的方式。原因為：對於頂出之類的活動零件及輕度壓入的零件，兩者所須的配合間隙不同。有的時候不容易將這類情況表現在孔上。若板厚的標示不成問題時，應盡量省略側視圖等。

16. 小形零件的圖面

　　小形零件的繪圖法主要可分為：1 個零件 1 張圖的繪圖法 (多用在依單件計算小形零件成本的公司) 以及將沖頭至沖模的相關零件都繪在同 1 張紙上的方法。前者的圖面張數增多，且相關零件較不容易互相對照。筆者基於容易校圖及容易做對照變更的理由，採用將相關零件集中繪圖的方法 (圖 6-133 ~ 圖 6-135)，但有時各個小形零件會不容易統計成本。兩種方式各有優缺點，視所須的優點而做取捨。

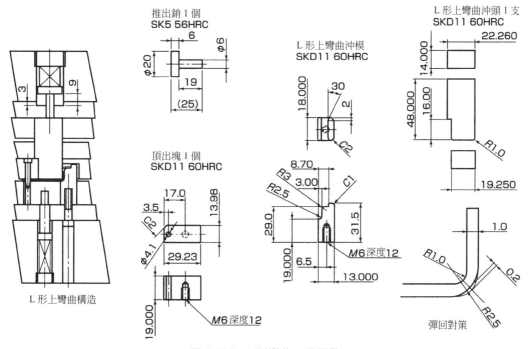

圖 6-133　L 形彎曲工程零件

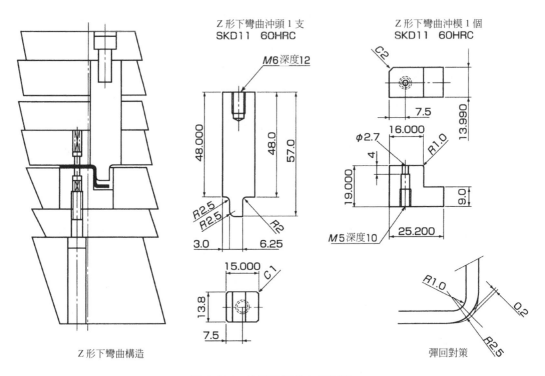

圖 6-134　Z 形下彎曲工程零件

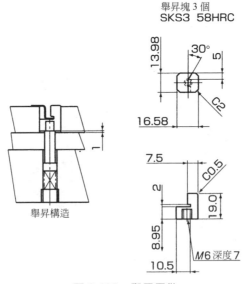

圖 6-135　舉昇零件

⑴L 形上彎曲工程零件 (圖 6-133)

　為了容易理解起見，此處將構造圖亦顯示出來，但若沒有也沒關係。此工程是採用活動沖頭進行上彎曲，藉壓到底 (bottoming) 對彎曲外側進行壓縮，做為彈回的對策。在零件設計時，必須要注意這點。其它的一項注意點是與厚度相關的尺寸。還有一項則是彎曲外側的壓縮量。壓縮量少時，之後的調整會很麻煩 (必須補足壓縮部位的肉厚，上彎曲沖模的形狀要修正以再次成形)，故設計時最好令壓縮量略微過大，當發生過度壓縮的情況時，將 R 部切削以進行調整。

　厚度相關的尺寸在設計時最好取得嚴格些，做成即使不調整也不會發生問題者。

⑵Z 形下彎曲工程零件 (圖 6-134)

　在此工程的彈回對策，也是採取將彎曲外側壓縮的方法。沖頭若取成更為簡單的形狀也可，但為了確保螺紋的空間起見，此處將鎖入部位加大而做成此形狀。將彎曲部的前端做成階梯狀，則是為了避免與前工程的形狀互相干擾。

　沖模的踢出銷與固定螺紋孔做成一體。在小形零件時，常用這種方法。

⑶方形舉昇塊的部位 (圖 6-135)

　由於此製品的帶料配置採用的是單側料橋，在彎曲加工的相對側不易做導引裝置。在此點設法而做出此零件，兼做 Z 形彎曲前端的導引與舉昇塊使用。這種解決法在連續加工中也經常採用。

　舉昇塊是用脫料板面將之壓下，設計時要在下死點位置留下間隙。這類零件並不要設計成很緊密，而是在前導件可以矯正的範圍內做成鬆的導引。理由是：不要造成導引裝置與製品摩擦而導致的變形。

　相對於孔的尺寸 (14.0×16.6)，將舉昇塊取成鬆配的設計 (13.98×16.58) 後，角部還加上 C2 以避免與孔發生干擾。設計時最好是對簡單的地方也加以留意，不要在組裝時還對零件追加不必要的加工 (用銼刀銼之類)。

6-9　特殊的彎曲模具構造

本段目標

◼ 了解特殊的彎曲模具構造。

1. 製圓彎曲模具 (號角形模具)

　　圖 6-136 爲製圓加工的代表性構造。開始時先彎成 W 形，之後再用圖 6-136 構造的模具製成圓形。由於材料會繞在沖頭上，因此採用的沖頭構造要如本模具般、做成側邊伸出的型式 (稱爲號角形模具、號角形結構)。這類構造除了採用在沖頭方面，也有應用在沖模上的例子。在抽製製品的側面進行孔加工之類時，也採用這種做法。

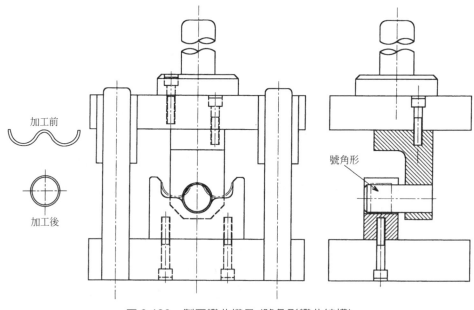

圖 6-136　製圓彎曲模具 (號角形彎曲結構)

2. 捲邊彎曲模具 (圖 6-137)

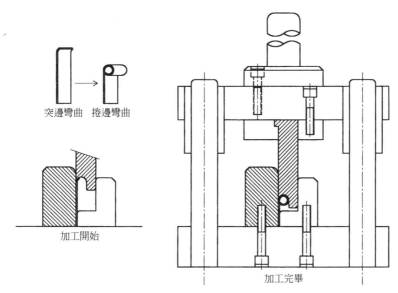

圖 6-137　捲邊彎曲模具

　　同樣是一種製圓加工，但針對增強材料邊緣的強度、或為了安全的目的，而將材料邊緣做成圓形，這種加工法稱為捲邊加工。由於其使用目的，捲邊加工是做成小半徑的圓形。這種加工要先做所謂的突邊彎曲，對前端進行彎曲 (成為製圓時的導入部)，再用圖 6-137 構造的模具製成圓形。這種加工方法的特徵是：隨著沖頭的下降，材料會緊挨著沖頭 R 面滑過去，受挫屈而變成圓形。這是可以做出小圓半徑的方法，即使在製圓內徑處沒有放入之前所示製圓加工般的工具 (沖頭等)，也可以進行加工，這也可算是其特徵。彎曲加工時，在彎曲的內側不使用工具 (多半是不能使用)，由彎曲的外側使材料沿著工具的表面變形，如本捲邊加工的例子般，此加工法亦常被採用。

3. 上下同時彎曲模具 (活動沖模結構)

　　圖 6-138 所示，是對須要上彎曲及下彎曲的形狀同時進行加工的構造例。加工時是靠彈簧的強度達到平衡。如加工前的狀態圖所示，材料固定在下模，上模下降時，兼任材料壓塊的上彎曲沖頭將材料壓住。此時，兼任材料壓塊的下彎曲沖模由彈簧(a)支撐，由於使用的彈簧比上模的彈簧(b)更強，隨著上模下降而撓曲

的是彈簧(b)，下彎曲沖頭因此露出頭來，將材料向下彎曲。

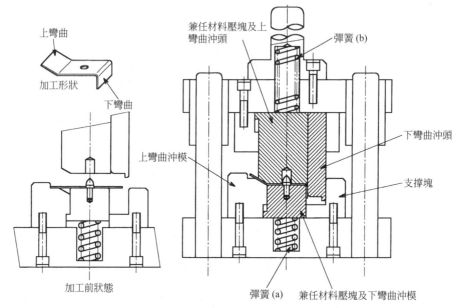

圖 6-138　上下同時彎曲模具 (活動沖模結構)

　　彎曲完畢後，兼任材料壓塊的上彎曲沖頭靠住沖頭承座，位置因而固定。之後，隨著上模的下降，彈簧(a)產生撓曲，藉上彎曲沖模將材料向上彎曲。藉彈簧力進行彎曲加工，也是常用的做法。

　　這類的模具構造稱為活動沖模結構。由於彈簧力有其限制，故形狀也會受限，但也有的則利用沖模緩衝或空氣彈簧等，以進行較強力的彎曲加工。

4. 使用凸輪的彎曲模具

　　圖 6-139 的例子是使用凸輪的彎曲模具。僅靠上下方向進行加工，常常會碰到困難，這種情況時，常使用凸輪改變運動方向，由側邊 (有時是由下方) 進行加工。除了本例之外，還有許許多多的凸輪形狀被採用。

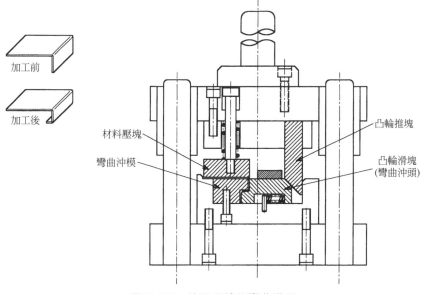

加工前

加工後

材料壓塊

彎曲沖模

凸輪推塊

凸輪滑塊
(彎曲沖頭)

圖 6-139　使用凸輪的彎曲模具

5. 使用活動沖模的彎曲模具 (圖 6-140)

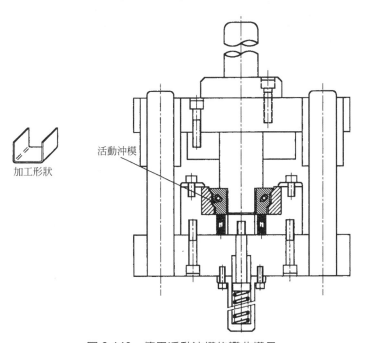

加工形狀

活動沖模

圖 6-140　使用活動沖模的彎曲模具

這種構造在基本上也屬於凸輪結構的模具。活動沖模是在2個斜面上活動的凸輪。這種模具是用活動沖模將彎曲後的材料緊緊壓住，其目的是爲了抑制彈回。

以彎曲爲目的而使用凸輪者，稱爲凸輪模具，爲了其它目的使用時，則多稱爲活動沖模、或修正模具等。

諸如此類的凸輪(活動沖模)，利用2個斜面在狹小的空間內產生平行運動者，也是常著眼的對象。

6. 利用擺動沖頭的彎曲模具 (圖 6-141)

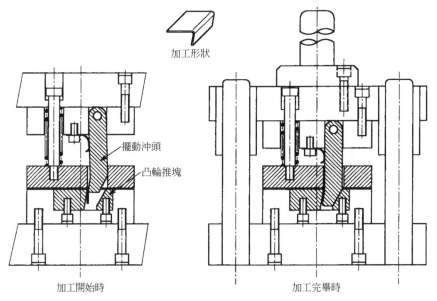

圖 6-141　利用擺動沖頭的彎曲模具

這個例子是彎曲與彈回對策同時進行的特殊彎曲法。擺動沖頭是以銷爲支點，在加工開始時用沖頭前端的 R 部將材料彎曲 (擺動沖頭的背面靠脫料板做支撐)。這個狀態時做出的並不是正確的彎曲，當上模下降時，擺動沖頭背面的斜面與固定在沖模的凸輪推塊的斜面相接觸，將擺動沖頭壓向彎曲沖模的方向，在下死點時，擺動沖頭被彎曲沖模及凸輪推塊限制住，將材料緊緊壓住。在彎曲沖模及擺動沖頭設有預估的彈回角度，藉此做出正確的彎曲。

如此例所示，除了靠凸輪之外，還利用活動關節 (以支點爲回轉中心的構造)

者，也是一種進行彎曲的構造方式。

. . . .

前面展示了數種的彎曲構造。總結而言，只要是以彎曲為目的，在機構上可以成立的構造都可以使用，選擇時，對彎曲的要點有所了解即可。

Chapter **7**

抽製加工

7-1 抽製加工的基礎及抽製模具的構造

本節目標

▓ 了解抽製加工的基礎。

▓ 了解抽製模具的構造及零件名稱。

1. 抽製加工的形狀及各部位的名稱

抽製加工是由板材做出沒有接縫的立體形狀，如圖 7-1 所示、所謂圓筒抽製、角筒抽製及特殊形狀抽製的加工法。

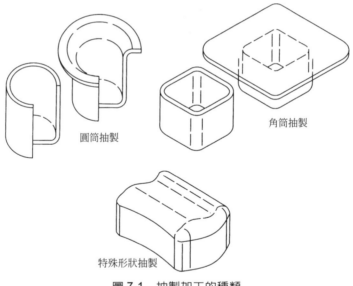

圓筒抽製

角筒抽製

特殊形狀抽製

圖 7-1　抽製加工的種類

抽製加工的基礎為圓筒抽製。圓筒抽製時，其抽製加工形狀及各部位的名稱如圖 7-2 所示，其加工模具的形狀則如圖 7-3 所示。

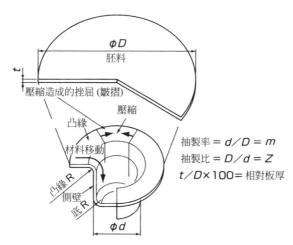

圖 7-2　抽製加工的形狀及各部位名稱

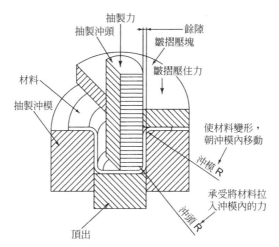

圖 7-3　抽製模具的形狀及各部位名稱

由抽製所須的胚料 (ϕD) 抽製成ϕd 時，材料由四周向中心移動。移動的力量藉由抽製沖頭壓住材料而產生，向沖模內拉入的力量大部分是由製品的底 R (沖頭 R 部) 部位承受。

材料在沖模 R (凸緣 R 部) 的部位發生變形，朝沖模內移動。在此出現 2 個 R 部：底 R (沖頭 R 部) 及沖模 R 部。這 2 個 R 部在抽製加工中擔負非常重要的任務。

⑴底 R (沖頭 R 部)

受到將材料拉入沖模內的力量作用。最好能將 R 值盡量取大，最大值的大致標準則是抽製直徑 (ϕd) 的 1／3。

(2)沖模 R 部

其目的是使材料滑過 R 面，朝沖模內滑進去。因此，此 R 值越大時，變形阻力可以減小。最大值的大致標準為材料板厚 20 倍的程度 (實際上，很少使用到這麼大的 R 值)。

這 2 個 R 部的做法對抽製加工發生的事故等有很大的影響 (主要的事故內容為底 R 或沖模 R 部的裂痕)。

隨著抽製的進行，胚料的外周直徑逐漸縮小。此時，凸緣部位的材料在圓周方向受到壓縮。當材料強度弱時，會在板厚方向發生挫屈。也就是產生皺摺。材料強度的大致標準可以由相對板厚得知。

相對板厚＝材料板厚 (t)／胚料直徑 (ϕD) (此通常以百分比 (%) 表示)。數值越大時，材料越不容易發生挫屈 (產生皺摺)，加工則較容易。

為了防止皺摺發生，使用的是皺摺壓塊。藉由控制皺摺壓住力，以達到抑制皺摺發生的目的。

胚料外周直徑縮小的同時，抽製仍在繼續進行，平面狀態的材料轉變成為抽製容器的側壁，有一部分則朝增加材料板厚的方向變化。此增加量可能高達板厚 30 %的程度。抽製餘隙與此點有關。若取素材板厚＝餘隙則太小，要使抽製順利進行，必須使餘隙設定成較素材板厚更大的值(一般抽製時)。

1 次可以抽製出多小的直徑，是以極限抽製率 (m) 或極限抽製比 (Z) 來表示。抽製率與抽製比為倒數的關係。由於在加工現場多使用抽製率，故此採用抽製率來做說明。

抽製率表示為：

抽製率 (m)＝抽製直徑 (d)／胚料直徑 (D)

或

抽製後的直徑 (d2) ／ 抽製前的直徑 (d1)

極限抽製率會因材質或抽製形狀等而起若干變化，一般的大致標準如下所示：

最初的抽製 (初抽製)：m = 0.5

第 2 次抽製 (再抽製)：m = 0.75

第 3 次抽製之後 (再抽製)：m = 0.8

進行工程設定時，不可使抽製前與抽製後的關係小於極限抽製率的數值。

2. 抽製工程

抽製加工的重要因素爲抽製率、沖頭 R 值、沖模 R 值、餘隙及皺摺壓住力等。要使這些因素能夠滿足抽製條件時，通常多會成爲如圖 7-4 所示的工程形式。

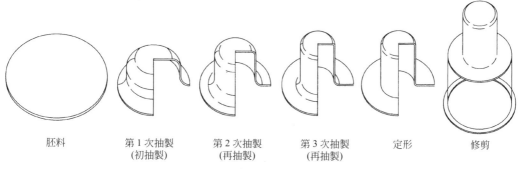

| 胚料 | 第 1 次抽製
(初抽製) | 第 2 次抽製
(再抽製) | 第 3 次抽製
(再抽製) | 定形 | 修剪 |

圖 7-4　圓筒抽製的工程設定例

其內容說明如下：

在抽製加工時，凸緣外周會收縮，其輪廓形狀則被打亂，必須進行修剪以得到所要的輪廓形狀。因此，設定胚料的大小時，要考慮修剪量。由極限抽製率計算出 1 次可抽製出的直徑，從而決定總共要幾次才可抽製出目標的抽製直徑值。之後，則決定沖頭 R 值、沖模 R 值及餘隙。這些條件要設定成不會在抽製加工時發生皺摺或裂痕的條件，故當抽製直徑變成製品直徑後，經常會發生凸緣 R 值比製品 R 值大的情況。爲了解決這個問題，要增設定形工程。定形工程除了做出目標大小的凸緣或底 R 值外，還有使側壁板厚均勻、提高抽製直徑精度的作用。不論是單站加工或連續加工，此抽製工程的組成內容都可視爲相同。

(1)抽製工程的內容

　對於抽製加工中，有所謂：最初的抽製 (初抽製)、後續的抽製 (再抽製)
及定形等內容，對這些應該都已了解。其方法則如圖 7-5 所示。

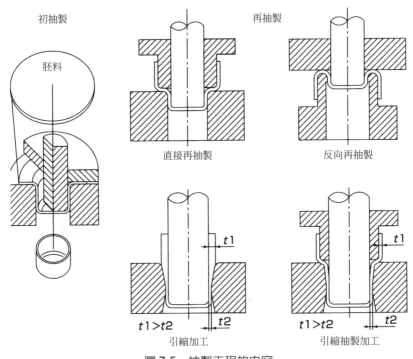

圖 7-5　抽製工程的內容

①初抽製

　由板 (胚料) 改變成立體形狀的工程。通常都有考慮防止皺摺發生對策
的構造。

②再抽製

　目的是將已具有容器形狀的物體做成更小的直徑，方法有下列 2 種：

(a)直接再抽製：與初抽製朝相同方向的抽製，是最常見的再抽製。

(b)反向再抽製：與初抽製朝相反方向的抽製法。此種方法時，初抽製
　　時的外側會變成再抽製結束時的內側。可以做出比直接再抽製更小
　　的抽製直徑，但模具結構弱，在連續加工時，很難做出完全靠反向

抽製加工的工程，這類原因造成少有使用例。

③引縮加工 (ironing)

若將加工時的餘隙設定成比板厚小，板厚會被擠成與餘隙幾乎相同的均勻尺寸。這種將材料壓入狹窄的間隙內、擠成均勻厚度的加工法稱為引縮加工。利用引縮加工做出均勻側壁的情況也很普遍。實際上，引縮加工很少單獨使用，多是與抽製加工搭配應用。這種用法稱為引縮抽製。

④向上抽製及向下抽製

除了前述的內容之外，還要談到抽製方向。圖 7-6 所示為初抽製工程的例子，但對於前面說過的再抽製、引縮抽製亦存在相同的情形。雖然沒有明確的使用規則，但多依據底部有無孔加工、沖剪廢料的處理 (向下掉出) 或模具強度的關係而選擇方向，此外，亦依據抽製高度及沖模緩衝 (或彈簧) 的關係而選擇。在單站加工時，可依各工程的方便性選擇方向，但在連續加工時則必須一開始就做好決定。

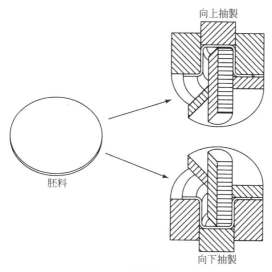

圖 7-6　抽製方向

以上可說是抽製加工的概要。由這些內容以判斷、製作出模具構造。

3. 抽製模具的構造

參考單工程加工用的模具構造，以說明抽製模具的構造。

(1)初抽製模具的構造

圖 7-7 的模具構造是由胚料開始的最初階段抽製工程。

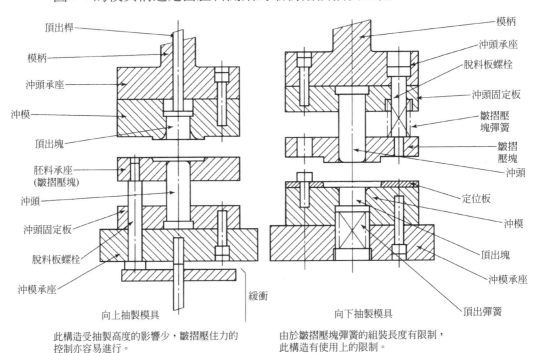

向上抽製模具

緩衝

此構造受抽製高度的影響少，皺摺壓住力的
控制亦容易進行。

向下抽製模具

由於皺摺壓塊彈簧的組裝長度有限制，
此構造有使用上的限制。

圖 7-7　初抽製模具的構造

①向上抽製模具

採用沖頭在下、沖模在上的反向配置構造，將胚料放在胚料承座上，
由下向上進行抽製。胚料承座擔任皺摺壓塊、脫料板及定位板3種功用。
加工後的製品仍留在沖模內，當沖床的滑座接近上死點時，依照「沖
床的頂出桿作動」→「模具的頂出桿受壓」→「頂出桿將製品推出」的
作動順序，將製品由沖模中排出。

在單站沖壓作業時，僅須將材料放置在胚料承座上，加工後的製品可
用空氣吹出等方式處理，故常採用這種構造。

胚料承座藉脫料板螺栓 (緩衝銷) 以承受緩衝部位的彈簧或橡膠產生的
壓力。此壓力即為皺摺壓力。圖中雖省略未繪出，但此構造的緩衝可
自由設定彈簧部位的長度，故可對應深抽製品的需求。在中央棒的下
端處有切削螺牙，將該部位的螺栓鎖緊或放鬆，即可調節緩衝壓力。

②向下抽製模具

構造為沖頭在上、沖模在下的模具。為一般的活動脫料板結構。皺摺
壓塊兼任脫料板及皺摺壓塊 2 種功用。胚料放在沖模上。加工時，用
皺摺壓塊將胚料壓住，由上向下將製品抽製入沖模內。上模在經過下
死點後上昇，下模則與此動作相配合、由彈簧將頂出塊向上推起，將
沖模內的製品推出至沖模上。在單工程加工時，將此製品拿開、下一
塊胚料固定在定位板上，即繼續進行下一件的加工。

由圖中亦可了解，此構造的皺摺壓塊彈簧受到長度的限制、不能加長，
故在須要深抽時會有困難(順帶一提，頂出塊的彈簧倒是可能設法加長)。
此可稱為由活動脫料板結構發展出的抽製模具構造。

⑵再抽製模具的構造 (1)

參考圖 7-8。此再抽製構造是以抽製內徑做為製品導引之用，並以製品側
壁不會在抽製途中發生皺摺為目的而做出。

若目標是製作如馬達外殼之類、比較小的抽製品，在抽製率 (m) 為 m=0.75
程度時，常須要這種構造，稱得上是經常使用在第 2 次抽製時的構造。

由於導引部位弱、容易破損，有的會在沖模側加入突出的銷，將胚料承
座 (皺摺壓塊) 維持在一定的高程，以使導引部位的前端不致與沖模強力
相撞。

向上抽製、向下抽製的構造特徵及使用區別方面，與初抽製構造採相同
的方式考慮即可。

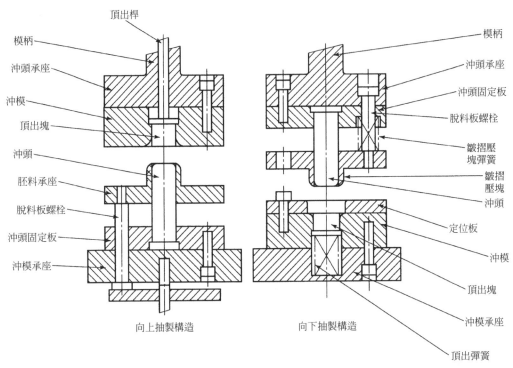

圖 7-8　再抽製模具的構造 (1)

(3)再抽製模具的構造 (2)

　　參考圖 7-9。當抽製工程進行的抽製率變大 (m=0.8 以上) 時，加工前後的直徑差變小。內徑導引雖會因弱而破損、不能採用，但由於沒有須要擔心的事、直徑的變化量小，故抽製側壁不會產生挫屈，即使沒有內徑導引，也不會發生加工上的問題。在這樣的條件時，使用的是此種模具構造。此模具構造時，脫料板不必兼具皺摺壓塊的功用，僅擔任原本脫料板的機能即可。此外，由於此構造在加工前的製品定位容易變成不穩定，故不靠脫料板在加工前將製品壓住，多是將構造做成在加工前先用限制銷將脫料板壓下，以使沖頭可以順利進入製品內的方式。

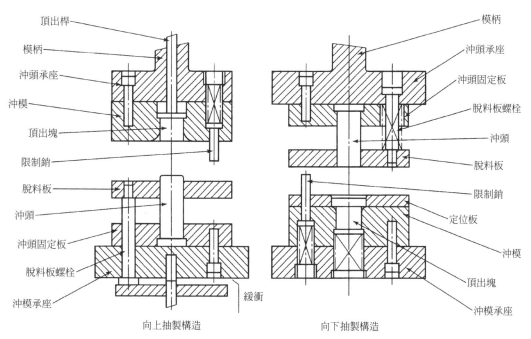

圖 7-9　再抽製模具的構造 (2)

向上、向下的差異點與其它的模具構造相同。在單工程加工時，有凸緣的製品採向上抽製，無凸緣的製品則由於定位的關係，多採用向下抽製者。

(4)反向抽製模具的構造

圖 7-10 所示為反向抽製模具的構造。在連續加工時，基於縮短工程的目的，大致可說不會有採用反向抽製的情形。但由於製品形狀而須要反向抽製的情況也不少，故說明如下。

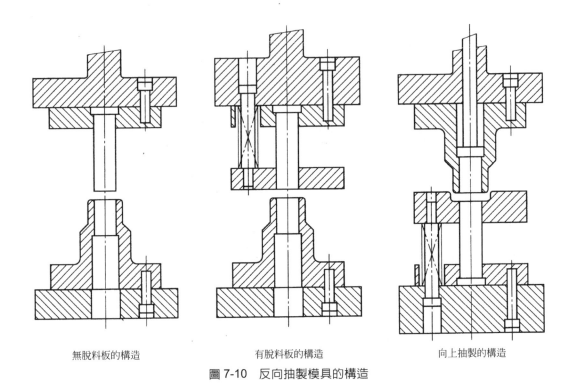

無脫料板的構造   有脫料板的構造   向上抽製的構造

圖 7-10 反向抽製模具的構造

①無脫料板的構造

  將加工前的製品像戴帽子般固定在沖模上以進行抽製加工。沖模雖然給人很弱的感覺，但在靠沖頭將製品滑過沖模肩部、擠入沖模內側時，加工中的製品成為由外側抱住沖模的狀態。因此，變成給予沖模支撐的形式，彌補了沖模的弱點，反而變成夠堅固。對於製品會完全通過抽製沖模、向下掉出的加工，可以採用這類沒有脫料板的構造。

②有脫料板的構造

  當加工中的製品不會好好沿著沖模肩部移動 (相對板厚小) 時，藉脫料板將材料壓住，使其不會翹起來的構造。此外，在未完全抽製完畢、於反向抽製途中即停止的加工 (此時，沖模上須要有頂出桿) 時等，會使用此種構造。

③向上抽製的構造

將有脫料板的構造做一單純的反轉，即可視為此種構造。不同點在於：做成用脫料板將外周抱住的樣式 (有脫料板的構造也同樣可做成這種形狀)。在加工途中，由於製品的外周會因膨脹而變形，此脫料板形狀的目的是在限制加工途中的移動形狀。

以上是以單工程模具為例，說明初抽製、再抽製、反向抽製的構造，在連續加工時，對各工程的構造亦用大致相同的方式考慮即可。不同點則為：單工程加工時，可以在各工程區分成向上、向下的加工，但連續加工卻不能如此，必須在工程設定階段即仔細考慮，決定出加工的方向。

7-2　圓筒抽製的工程設計

本節目標

◼ 了解圓筒抽製製品的工程設計方法。

　　抽製加工的基礎為圓筒抽製，此如圖 7-11(a)所示。以此製品形狀為例時，工程設定的順序如下：

　　⑴由製品圖面決定目標尺寸 (改編圖)。

　　⑵決定胚料尺寸 (展開)。

　　⑶決定抽製次數 (抽製率)。

　　⑷決定各工程的餘隙。

　　⑸決定各工程的沖頭 R 值。

　　⑹決定各工程的沖模 R 值。

　　⑺決定各工程的抽製高度。

　　⑻決定胚料的製作法、定位法 (連續模具)。

　　以下即依序進行說明。

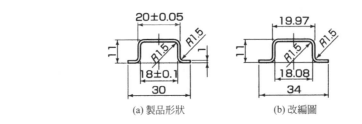

(a) 製品形狀　　　　　　　(b) 改編圖

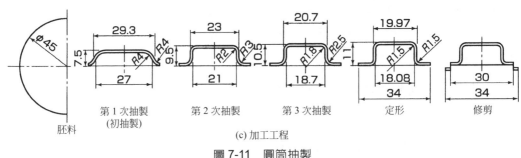

胚料　第 1 次抽製　第 2 次抽製　第 3 次抽製　定形　修剪
　　　(初抽製)

(c) 加工工程

圖 7-11　圓筒抽製

圖 7-11(c)的加工工程是先將後面所述的工作結果展示在此。

1. 製品形狀的改編

　　與之前的沖剪、彎曲製品相同，抽製製品也要決定加工目標值、製作出改編圖 (圖 7-11(b))，以做出設計的基本圖。在抽製加工必須要注意的是：抽製側壁的肉厚。一般的抽製製品為了確保尺寸精度、改善側壁外觀等目的，會在抽製的最後一道工程或其附近加上引縮加工做修飾。因此，會變成比原先的材料板厚更薄，若要求此部分的肉厚與原先的板厚相同，則加工會有困難。

　　圖 7-11(a)的製品圖中，側壁的肉厚也是 1 mm。若以中央值為目標，則難以確保外形 ±0.05 的精度。但若利用公差範圍以考慮抽製加工、決定其目標值時，則可做出圖 7-11(b)所示改編圖的尺寸。理由為：抽製模具的維護時，沖模會被研磨，故直徑有變大的傾向，沖頭則相反，具有變小的傾向。設定時要利用此點。若可確保有原板厚 5 ％以上的引縮裕量，則大致完成。

　　另一件重要項目為修剪裕量。抽製時，胚料輪廓會收縮，但由於材料的非均質性等因素，會造成輪廓歪斜，不能做出符合要求的形狀，通常都須要修剪 (切邊)，在開始進行之初，即須考慮此修剪裕量。其大致標準為材料板厚的 2~3 倍、

或以 1 mm 爲單邊的最小值，最好是依製品的大小 (尤其是抽製高度) 判斷決定。

2. 決定胚料尺寸 (展開)

　　進行展開時，是以改編圖爲依據。須要修剪的製品以外形尺寸爲計算依據，不進行修剪的製品則依板厚的中心值做計算。計算方法有以下 2 種：

　　⑴由形狀直接求出胚料尺寸。

　　⑵對形狀進行要素分解，計算各要素以求得胚料尺寸。

　　直接求出胚料尺寸的方法，僅適用於圖 7-12 所示程度的簡單形狀。形狀若更複雜時，計算式會變長、相當麻煩。如圖 7-12 程度的計算式時，要背起來也很簡單。

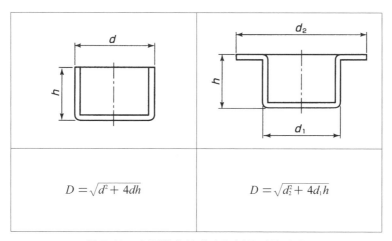

$$D = \sqrt{d^2 + 4dh}$$

$$D = \sqrt{d_2^2 + 4d_1 h}$$

圖 7-12　由形狀直接求出胚料尺寸的公式

　　不是以上的形狀時，最好用圖 7-13 所示、依要素種類的計算法求出。

計算各要素的面積後加總，用下面公式求出胚料直徑。

$$D = \sqrt{1.273A}$$

No.	形　　　　狀	求表面積的計算式
1	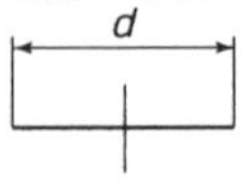	$A = \dfrac{\pi}{4}d^2 = 0.785d^2$
2	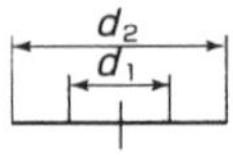	$A = \dfrac{\pi}{4}(d_2^2 - d_1^2) = 0.785(d_2^2 - d_1^2)$
3	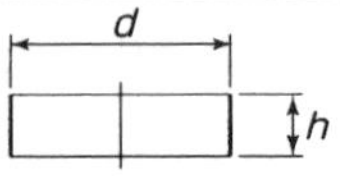	$A = \pi dh$
4	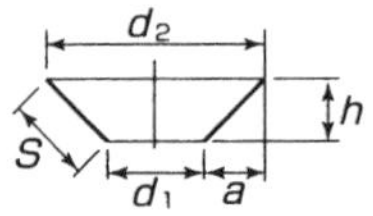	$A = \pi S\left(\dfrac{d_2 + d_1}{2}\right)$ $S = \sqrt{h^2 + a^2}$
5	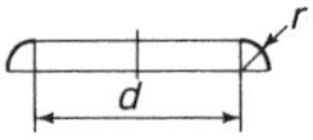	$A = \dfrac{\pi^2 rd}{2} + 2\pi r^2 = 4.935rd + 6.283r^2$
6	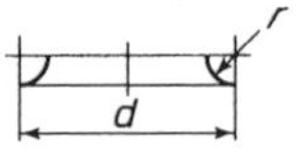	$A = \dfrac{\pi^2 rd}{2} - 2\pi r^2 = 4.935rd - 6.283r^2$
7	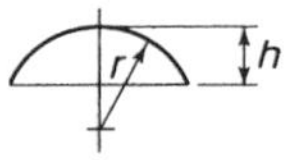	$A = 2\pi rh = 6.283rh$
8	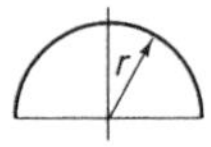	$A = 2\pi r^2 = 6.283r^2$
9	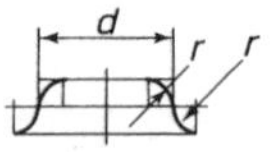	$A = \pi^2 rd = 9.87rd$
10	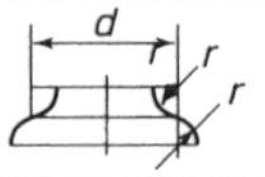	$A = \pi^2 rd = 9.87rd$
11	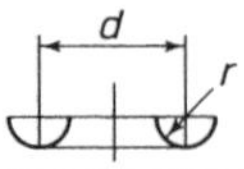	$A = \pi^2 rd = 9.87rd$
12	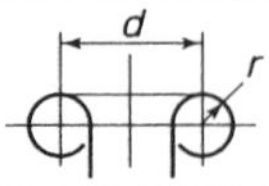	$A = 17.7rd$

圖 7-13　對形狀進行要素分解以求出胚料尺寸的公式

3. 決定抽製次數 (抽製率)

　　每次的抽製有其極限，此稱爲極限抽製率。一般而言，初抽製的極限抽製率爲稱做 0.5 等的抽製率。平常多將極限的字眼拿掉，僅稱爲抽製率。若使用極限抽製率時，可以得到最少的工程數目，但亦常因加工條件的變化等因素，造成事故的發生。因此，工程設計會希望將抽製率放寬 (大的數值、接近 1 的數值)，使加工條件變動的影響可以降低。在連續加工時，尤其有必要。

表 7-1　考慮相對板厚後的抽製率

抽製率 m	相對板厚 $t/D \times 100$ (%)					
	2.0～1.5	1.5～1.0	1.0～0.6	0.6～0.3	0.3～0.15	0.15～0.08
m_1	0.48～0.50	0.50～0.53	0.53～0.55	0.55～0.58	0.58～0.60	0.60～0.63
m_2	0.73～0.75	0.75～0.76	0.76～0.78	0.78～0.79	0.79～0.80	0.80～0.82
m_3	0.76～0.78	0.78～0.79	0.79～0.80	0.81～0.82	0.81～0.82	0.82～0.84
m_4	0.78～0.80	0.80～0.81	0.81～0.82	0.82～0.83	0.83～0.85	0.85～0.86
m_5	0.80～0.82	0.82～0.84	0.84～0.85	0.85～0.86	0.86～0.87	0.87～0.88

　　表 7-1 是考慮相對板厚後的抽製率表。在圓筒加工方面，可以算是最常用到的表。但在日常應用時，應該還可以用稍微簡單的方式來處理。筆者採用的是下列形式的抽製率。

　　⑴初抽製：0.5 ~ 0.6

　　⑵第 2 次抽製：0.75 ~ 0.8

　　⑶第 3 次抽製之後：0.8 ~

　　在條件容許的範圍內，盡量使用大的數值。尤其當工程數多時，在第 3 次抽製之後以 0.83 ~ 0.85 程度爲使用的大致標準。關於抽製次數的決定法，可參考圖 7-14。

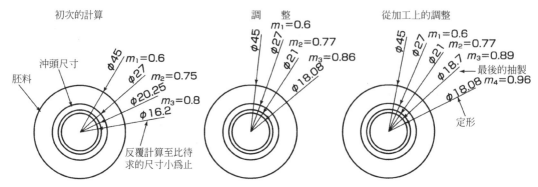

初次的計算

在初次計算時,由抽製率的表查出做為基準的抽製率,使用該數值反覆計算至求出的直徑值比待求的值(此例為 18.08)更小為止。

其結果如上圖所示,有的數值常會有尾數出現,對模具製作並不理想,但可由此得知抽製的次數。

調　整

在調整時,盡量將中段工程有尾數的值調整成整數的數值,同時還要考慮到抽製率的平衡。此時,抽製率會變成比初期的值更大。

從加工上的調整

決定出抽製加工時沒有問題的沖頭、沖模 R 值後,在最後抽製所得到的凸緣 R 值經常與製品 R 值不同。因此,必須進行R 部的成形。

其內容則如上圖所示。此時,並非僅做 R 部的成形,在加工時,整體的材料都會略微產生變動。此工程稱為定形。

圖 7-14　決定抽製的次數

4. 決定抽製餘隙 (C)

決定抽製次數之後,則要決定餘隙等剩下的必要事項。

在抽製加工時,抽製邊緣會如圖 7-15 所示般增厚。該厚度的計算式如下所示:

$$T_{max} = t_0\sqrt{D/d}$$

T_{max}:增加後的板厚

t_0:原來的板厚

D:胚料直徑

d:抽製直徑的平均直徑

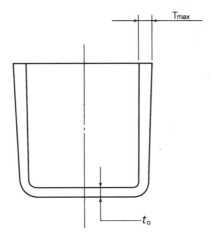

圖 7-15　抽製加工的板厚變化

　　決定餘隙時要考慮隨加工產生的板厚變化。一般是使用表 7-2 的數值。由於完全不做引縮的加工可以說幾乎不存在，通常採用的是輕度引縮的餘隙。若抽製後的製品有閃閃發亮的抽製邊緣，就可看出有做過引縮加工。

表 7-2　抽製加工的餘隙

抽製的狀態	餘隙
不做引縮	1.4～2.0 t
輕度引縮	1.0～1.3 t
做出均勻的側壁	0.8～1.1 t

t：素材板厚

常用的各工程餘隙大致標準則為：

初抽製 → 1.0～1.3 t

中段抽製 → 1.0～1.2 t

修飾抽製 → 0.85～0.95 t

依抽製製品的板厚、抽製高度及材質等而改變。

5. 決定沖頭 R 值 (PR) 的大小

　　抽製加工要由各工程的 PR 開始做決定。其原因為：已經完全確定的 R 值為製品的 R 值，以該 R 值為基準，決定前 1 個工程的 PR，然後再決定更前 1 個工

程的 PR，如此不斷反覆，就可以推算出初抽製工程的數值。此過程即如圖 7-16 所示。由定形工程至第 1 次抽製為止的PR，每次都要將中心略向外側移動，但工程之間的 PR 部一定要做成互有重疊的狀態。重疊量小時，PR 部減少的板厚量會呈現在側壁上，變成環狀痕線。由於PR承受絕大部分將材料拉入沖模內的力量，最好在容許範圍內設定成大的數值。

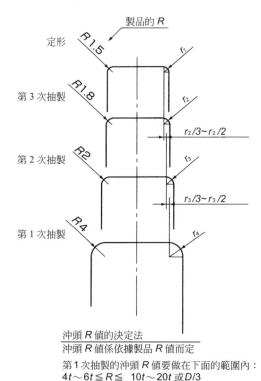

圖 7-16　沖頭 R 值的決定法

6. 決定沖模 R 值 (DR) 的大小

決定PR之後，接下來則是由第 1 次抽製開始，依序決定其DR至最後一道工程為止。

初抽製的 DR 或是取成與初抽製沖頭的 PR 相同、或是取成稍大的數值。DR 的決定法如圖 7-17 所示。圖 7-17 表示的是一般的內容。在中段工程時，不必每

道工程都做修改，將某段區間取成相同 DR 值也是常見的做法。決定 DR 值時，要將 DR 取成不會發生裂痕等事故的大小。切勿因配合製品 R 值而定出不合理的數值。

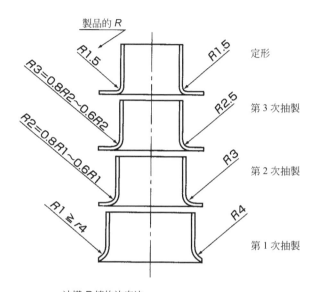

沖模 R 值的決定法
沖模 R 值係依據第 1 次抽製的
沖頭 R 值而定

R1：設定成與第 1 次抽製的沖頭 R 值相同、或稍微加大。
　　此時的設定值要做在下面的範圍內：
　　$4t\sim6t \leqq R \leqq 10t\sim20t$

再抽製：或取成與前工程相同、或減小至
　　　　前工程 $R\times0.8\sim0.6$ 的範圍內

圖 7-17　沖模 R 值的決定法

7. 決定定形工程的 PR、DR

　　至定形之前為止的工程，其條件設定的重點在於可以安全抽製。採用這種做法時，當抽製直徑已經達到目標形狀後，其 PR、DR 通常都還在大數值的狀態。之後將 PR、DR 修飾成為製品形狀者，則要靠定形工程。此時，若僅修正 R 值，對抽製直徑等亦會產生影響，形狀因而變差的可能性很大，因此要對整體施以修飾加工，抽製直徑或高度也會略有變動。重點是：不要使材料出現鬆弛的情況，所採用的條件要能使其處於受張力的狀態。

8. 決定抽製高度

剩下的工作是如何設定各工程的抽製高度。求抽製高度雖然也有計算式可用，但也可將求胚料的計算式轉換成 H＝高度的公式，用這種方法來計算。習慣了的話，這種方法是很容易的。在求高度的計算時，要令各工程的凸緣爲固定值以進行計算 (包括修剪裕量在內的凸緣直徑)。

9. 結果彙整

表 7-3 是將目前爲止做出的內容加以整理所得到的結果。進行這類形式的整理工作，可使整體的內容更易理解，對於試作、調整階段得到的訂正結果，亦更容易進行整理。

表 7-3　工程設定內容的彙整

工程	抽製率	P	D	C	H	PR	DR
1	0.6	27.0	29.3	1.15	7.5	4	4
2	0.77	21.0	23.0	1.00	9.5	2	3
3	0.89	18.7	20.7	1.00	10.5	1.8	2.5
定形	0.97	18.08	19.97	0.95	11.0	1.5	1.5

10. 配置設計的思考方式

工程設計完畢 (表 7-3 彙整的內容) 所得的結果，要依工程順序排列，製作出連續加工的配置，其思考方式則如圖 7-18 所示。圖 7-18 (1)所示爲胚料與料橋、連接橋之間關係的做法。這是在沒有特殊考慮事項時，所做出的胚料配置及胚料製作法。這種做法稱爲砂漏沖剪法。所謂砂漏，是指做出胚料時沖掉的形狀，由於恰與砂漏的形狀相似，故取此稱呼。圖 7-18 (2)爲抽製連續加工的配置。由圖可知，材料寬度在半途會變窄。這是由於抽製導致的胚料輪廓縮小之故。在此改變的同時，P1 所示部位的節距也會略微變小，必須要做調整。

(1)胚料的各種製作方法

用砂漏法製作配置，可算是最基本的做法，但節距的修正、材料寬度變窄部位的材料導引裝置等，都相當麻煩，因此而有各種胚料製作方法的研

究與應用。圖 7-19 爲其中主要的形式。了解這些係基於何種觀點而製作，也可從而發掘出新的應用方式。

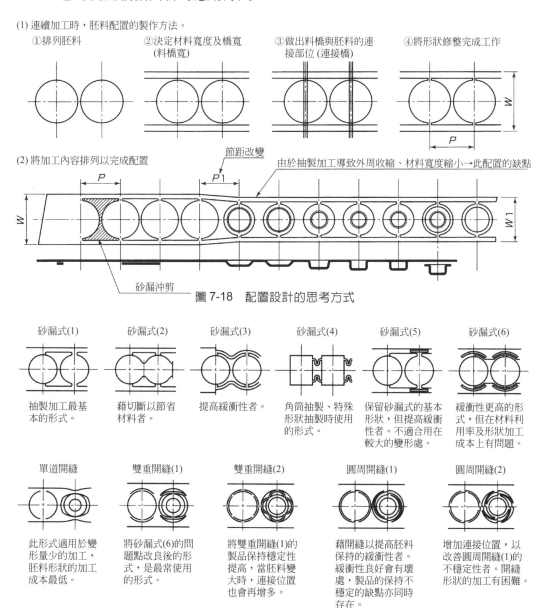

圖 7-18　配置設計的思考方式

圖 7-19　抽製加工的料橋與連接橋的種類

在連續加工時,須要的是穩定的進給及定位。負責該任務的則是料橋與連接橋。在工程設計時,若是做圓筒抽製,則單工程加工與連續加工二者並無太大的差別。重點都在於:如何用連接橋保持位置、使加工得以進行。

⑵開縫的配置

圖 7-20 是用開縫法進行配置設計的圖形。一開始是決定胚料外周的連接橋寬度、進行作圖。再考慮加工所須的節距,將胚料排列起來。做出內側與外側的連接部位,即可完成。連接橋會隨抽製加工而變形、並吸收胚料的輪廓收縮量,故材料寬度不會受到影響。此時的連接橋若太長時,會因鬆弛而變成阻礙,若太短則會斷掉。適當值的大致標準為圖 7-20 所示、呈60°的角度。此外,圖 7-19所示的形狀在連續加工是最常用的形式。

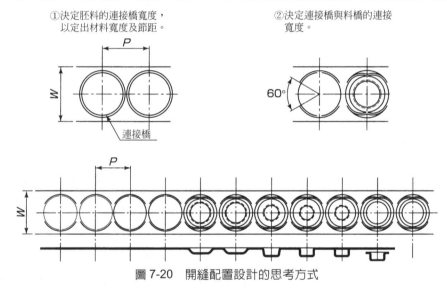

①決定胚料的連接橋寬度,
以定出材料寬度及節距。

②決定連接橋與料橋的連接寬度。

連接橋

圖 7-20　開縫配置設計的思考方式

7-3　抽製連續模具的構造

本節目標

▪ 了解抽製連續模具的基本構造。

▪ 了解固定脫料板結構的特徵。

1. 抽製連續模具的基本構造

　　抽製工程設計完畢、帶料配置亦完成後,則要進行組合圖設計。抽製連續加工所用的構造,多採用圖 7-21 所示的 4 種型式。他們當然各有各的特徵,使用時要使其特點能夠發揮。

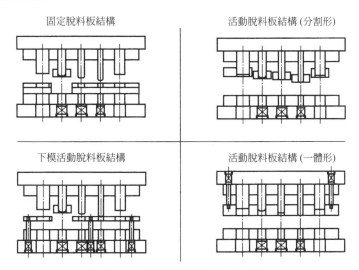

固定脫料板結構

活動脫料板結構 (分割形)

下模活動脫料板結構

活動脫料板結構 (一體形)

圖 7-21　抽製連續模具的基本構造

2. 固定脫料板結構

　　固定脫料板結構是:除了須要皺摺壓塊的第 1 次抽製為活動脫料板結構外,其他都採用固定脫料板的構造。其特徵為:

　⑴模具構造簡單、容易製作。

　⑵在連續加工時,材料沒有被彈簧等壓住,故材料的位置容易修正,對製品加工很適合。

　⑶對於反面、個頭高的製品,易受到傾斜等的影響,容易產生加工誤差。

　⑷對於個頭高的製品,其固定脫料板亦變厚。因此會使沖頭也變長,造成強度上的問題。

　⑸由於以上諸點,故適合用在高度較低 (相對於抽製直徑) 的製品加工。

　⑹由於固定脫料板像加上蓋子的形狀,故開始加工時的穿料作業不易進行。看不到加工中的狀態,也是其缺點等等。

3. 具體的事例

圖 7-22 為使用固定脫料板結構的抽製連續模具的例子。其帶料配置是在前一節工程設計得到的圖形。圖 7-22 所示為上模及下模的斷面。中間所示為脫料板的平面形狀、及第 1 次抽製的皺摺壓塊形狀的下視圖,故亦可了解其平面狀態的形狀。

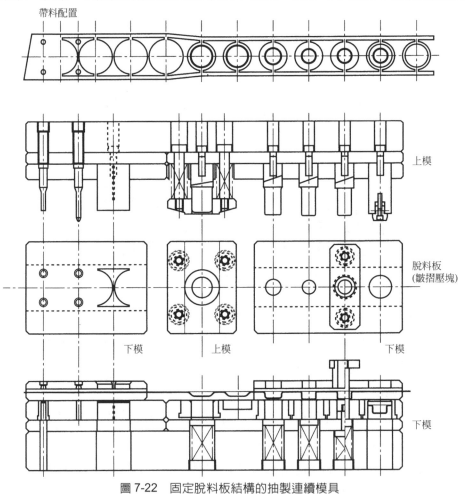

圖 7-22　固定脫料板結構的抽製連續模具

在下模的斷面圖中,示有帶料配置(輪廓)的斷面。固定脫料板時不容易使用舉昇塊,故而不用,改採由頂出塊將材料舉起的形式。抽製高度約為抽製直徑的一半,所以不會有不穩定的情況發生。在材料進給時,材料移動時與沖模的接觸面可能會受到滑動擦傷,對於沖模面的材料,其滑動部位不要做成直角,可以用

R 加工等的方式做為對策。固定脫料板的缺點是看不到中間的狀況，也可以將抽製工程的脫料板做成不是一體的形式，利用分割、做成稍微容易觀看的方式。

⑴材料的上下變化

　　圖 7-23 表示的是加工開始前的材料動作。(a)所示為剛開始加工時的狀態、當上模下降後的形狀。此時，輪廓的狀態並沒有變化。在第 1 次抽製及修剪工程的位置，可看出上模與輪廓有互相干涉的情形。

帶料配置

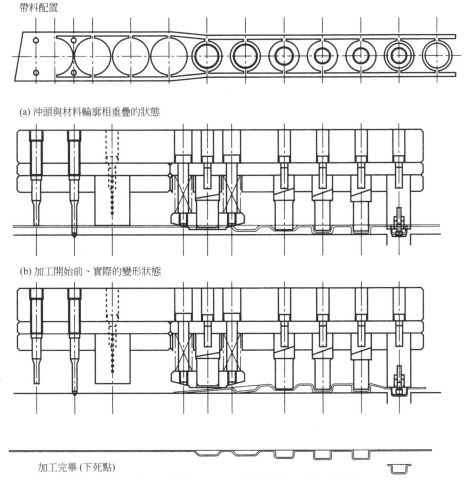

(a) 沖頭與材料輪廓相重疊的狀態

(b) 加工開始前、實際的變形狀態

加工完畢 (下死點)

圖 7-23　抽製加工在加工開始前的材料上下變動

　　若考慮此干涉的情況，則會變成(b)的形狀。由該圖可知，材料實際上會

產生明顯的傾斜。傾斜最顯著的部位是在第 1 次抽製與第 2 次抽製之間，在整個工程中最爲明顯。

爲了使傾斜可以緩和，一般會取 1 道空站。在修剪工程的位置，雖然也會發生傾斜，但可以用沖頭上裝的導桿導引其內徑做爲對策。如果製品的抽製高度較低，即使材料位置有少量的上下變動，造成的問題也很少。但是，當抽製高度變高時，傾斜的問題會對製品定位造成很大的影響，成爲造成加工誤差的原因，固定脫料板結構就不適用。

(2)前導件

在抽製連續模具時，由於胚料會收縮，故要設法利用砂漏式或開縫式以吸收該收縮變化量。因此，料橋與抽製間的位置關係會被打亂，前導件不能如預期般作動 (不能正確定位)。由於前導件必須在材料傾斜前即作動，所以須要如圖 7-23(a)所示、做成相當長 (比最初接觸的抽製沖頭更長)的方式。但即使採用這種做法，對抽製之後的工程，前導件也同樣沒有用處，故只要在做出胚料爲止的工程有前導件即可。

若抽製高度變高時，前導件的長度也要成比例加長，所以也有的設計是認爲：前導件只要在一開始穿料時有作用，能定出正確的節距即可，故而做成短的前導件。

(3)製品處理

修剪後的製品要使其不會留在沖模內，且會一個一個掉出來。因爲若使多個製品互相擠壓，可能造成變形。底部沒有孔的製品時，可能會附在修剪沖頭的導桿上而被舉起。要盡量加上排氣孔，讓空氣可以流通。令沖頭稍微走得更深，至低於沖模直而窄的部位，使製品向下掉落。若能同時在沖模下方增加吸出等的方法，以雙重的方式組合應用則更佳。

(4)定形

定形工程是將抽製後的形狀做最後的整形，在圖 7-22 中，靠近下模的最後一道工程處、凸出於固定脫料板的部分即此。將該部分單獨放大，則如圖 7-24 所示。使用此圖對定形構造說明如下：

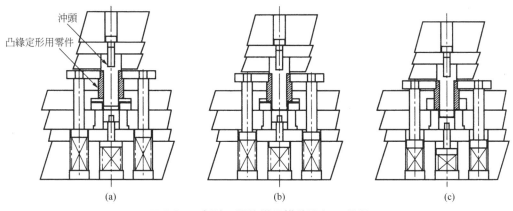

圖 7-24　定形工程的模具構造及加工過程

(a)所示為沖頭穿過凸緣定形用零件的內部、沖頭肩部與凸緣定形用零件相接觸的狀態。在此狀態時，沖頭與凸緣定形用零件變成一體，一起向下移動。

(b)所示為更向下走，沖頭夾住材料、並與頂出塊相接觸的狀態。此時，抽製高度最好還不到與凸緣定形用零件下面相接觸的位置，而是有少量間隙的狀態。如果抽製做得太高，製品在這個時點可能就已經有變形。

(c)所示為加工繼續進行、到達下死點後的情況。在由(b)的狀態到變成此狀態 (下死點) 的過程中，材料受到拉伸力的作用，在(b)的時點仍有與凸緣定形用零件間的間隙，此時已被填滿以進行凸緣 R 及其他的整形。復位工程則是藉頂出塊將製品頂起，製品與沖頭一起上昇，至到達固定脫料板的下面才與沖頭分開。

定形的方法會因模具構造的不同而略有差異，但都是配合抽製加工使凸緣面輕微變形，以進行凸緣面或凸緣 R 部的整形。此時，應盡量減小凸緣的變形面積，只要對修剪沒有妨礙即可，對於減輕負荷力多少也有幫助。

(5)節距變化的對策及其他

這個例子所採用的帶料配置是砂漏沖剪式的帶料配置。在砂漏式的配置時，節距在第 1 次抽製工程處會有少量改變(材料寬度的影響)。有時須要對此加以調整。其對應的做法，多是在胚料加工的沖剪工程與第 1 次抽製之間做模具的分割。

分割的目的除了這點之外，亦有爲了維護的理由而分割者。維護最多的位置就是沖剪的部位。分割之後，可以僅對沖剪的部位進行修補的工作。在抽製連續加工時，常在最初及最終的階段進行沖剪工作，如果是在此處的例子時，也可在修剪工程加入 1 道空站做爲分割的方法。

4. 活動脫料板結構

本段目標

◼ 了解活動脫料板結構的特徵。

(1)一體式活動脫料板結構

繼固定脫料板結構之後，以下要說明的則是：使用活動脫料板結構的抽製連續模具的特徵。

圖 7-25 所示的構造，是將一般採用的活動脫料板結構直接應用、設計而得的構造。脫料板分割成 2 塊：砂漏沖剪部及抽製部，但若配置是採開縫式製作時，也可以採用一體式的脫料板。進行此構造的設計時，可以不太受到抽製加工的拘束。或者也可說是：因爲不了解抽製加工才會做成這樣的構造。

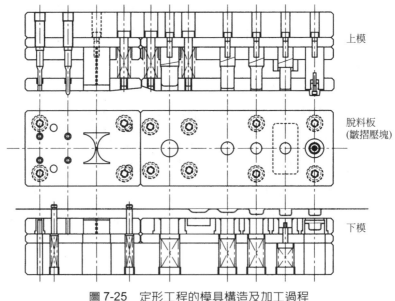

圖 7-25　定形工程的模具構造及加工過程

要說明其問題點，則要看圖 7-26 所示的狀態：上模下降、脫料板面將舉昇後的材料下壓至沖模面。此時，最先在脫料板與沖模面之間被夾住的，是在加工途中個頭最高的工程 (接近抽製終點的工程)。之後，脫料板被壓向上，整個向上壓的負荷都由該工程的材料 (半成品) 承受。因此，該半成品可能被脫料板的彈簧力壓壞。其次，由於處在受壓的狀態下，該傾斜的半成品可能無法矯正成直立的形狀，因而在這種狀態下被抽製。這種構造的設計很簡單，但對抽製加工而言，卻是隱藏了很大問題的構造。

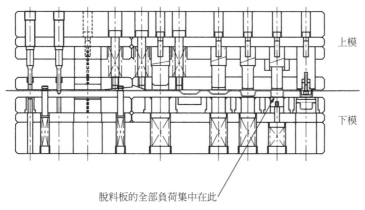

脫料板的全部負荷集中在此

圖 7-26　一體式脫料板的問題點

這種構造適合使用在抽製高度低 (加工工程數少)、抽製相對板厚大的製品，但在到達圖 7-26 的狀態之前，必須設法克服此構造的缺點，採用擋塊 (限制銷：用彈簧保持位置的擋塊) 將脫料板擋住，使材料不會被夾住之類的做法等。

⑵分割型的活動脫料板結構

圖 7-27 的構造是將抽製工程的脫料板設計成依工程進行分割。在抽製連續加工，是最常採用的構造。分割後的各個工程可以視若單工程模具的狀態。這種構造的缺點是模具的零件件數增多，但構造很容易理解，製作也很簡單。

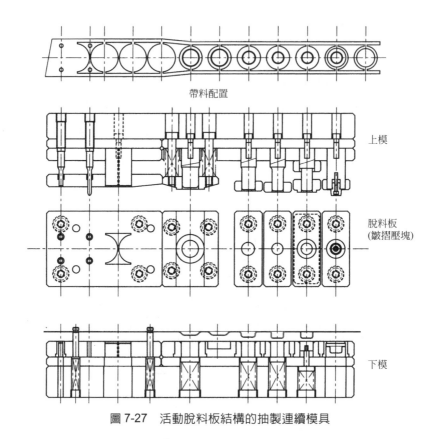

帶料配置

上模

脫料板
(皺摺壓塊)

下模

圖 7-27　活動脫料板結構的抽製連續模具

這種構造為了消除前述一體式脫料板的缺點，而對脫料板進行分割。脫料板彈簧力的主要考慮點是第 1 次抽製時的皺摺壓住力，其次則是針對附著在沖頭上的材料，最好能有足夠的處理強度。因此，要依各工程需要改變彈簧的強度，使壓住材料的力量盡量減小。

圖 7-28 所示為到加工開始時的狀態。圖 7-28(a)為上模下降、與舉昇狀態的材料相接觸，之後就到了材料被壓下的時點。由於脫料板的位置有差異，造成材料在上下方向產生變動。材料雖然被舉昇導銷保持住，但由於導銷的間隔或寬或窄，在寬的部位材料會挫屈，成為事故發生的原因。因此，最好在設計時將舉昇導銷的間隔做成均等。

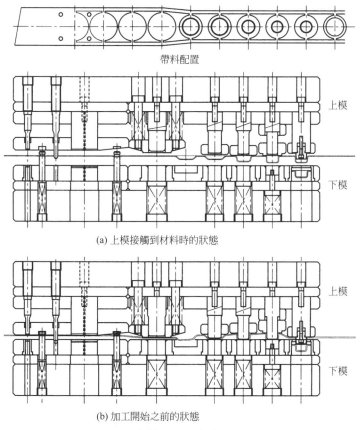

帶料配置

(a) 上模接觸到材料時的狀態

(b) 加工開始之前的狀態

圖 7-28　抽製加工開始前的材料變動

圖 7-28(b)是材料接觸到沖模面、抽製要開始之前的時點。此狀態時，各工程的脫料板被壓向上，材料上下變動的幅度最大。

在此圖中最引起注意的是：定形工程與修剪工程間的材料變動。此圖的狀態時會有問題，會引發加工事故。其對策或是加入 1 道空站工程，或是不要將修剪工程做成活動脫料板結構，改用固定脫料板結構、使材料不會受壓等，必須用這類方式加以處理。總之，要考慮加工狀態以選擇最適合的構造，不要侷限在 1 種構造的範圍裡，這點非常重要。

5. 下模活動脫料板結構

本段目標

▪ 了解下模活動脫料板結構的特徵。

▪ 了解限制銷的用法。

在抽製連續加工時,對於連接橋變形等造成製品在加工途中傾斜的因素要能予以修正,不致與沖模配合不良而壓壞、發生加工失誤。因此,要使傾斜修正前的輪廓形狀(材料)在上下方向不被壓住,且最好保持在自由的狀態,使沖頭可以進入加工途中的製品內 (但這種想法並非對所有的抽製都適合)。前述的活動脫料板結構會有壓住的情況發生。在圖 7-29 所示下模活動式的構造時,材料輪廓則是懸吊在脫料板下面,如圖 7-30 所示。除了第 1 次抽製沖頭有加上皺摺壓塊之外,其他的抽製沖頭都是單獨的個體。因此,沖頭可以穿過脫料板,當沖頭進入加工途中的製品時,不會受到阻礙。

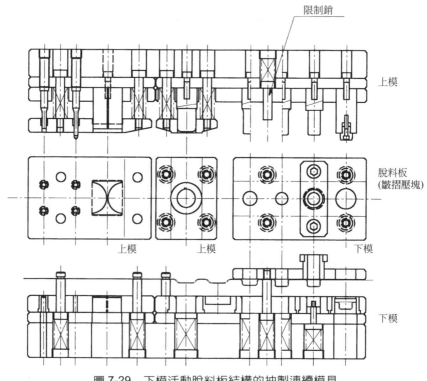

圖 7-29　下模活動脫料板結構的抽製連續模具

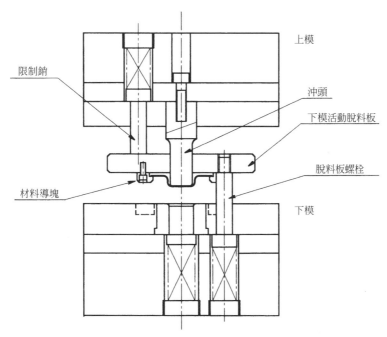

圖 7-30　限制銷與沖頭的關係

(1)限制銷的活用法

由於脫料板被舉昇，若抽製沖頭只是單純地下降，則沖頭會把材料輪廓壓下，直到壓出材料導塊之外為止，故而造成問題。在此時，可以使脫料板配合沖頭的下降而降低，藉以解決問題，產生此種作用的零件，即稱為限制銷。

限制銷通常是靠彈簧 (比脫料板的彈簧強) 保持位置。當沖頭輕微接觸到加工途中的製品底部時，限制銷的長度恰做成在此時點開始將脫料板壓下。且當脫料板與沖模接觸後，支撐限制銷的彈簧要能稍微撓曲，以進行凸緣的定形等。採用這種做法時，作動時點的選取須要很微妙。

活用限制銷的機能，可使下模活動脫料板結構的效用充分發揮。此可稱為抽製連續加工特有的構造。

6. 限制銷與一體式脫料板結構

在活動脫料板結構時說過有問題的一體式脫料板結構，可以藉限制銷的使用

而敗部復活。圖 7-31 所示爲分割成 2 塊的活動脫料板結構。也有的做法並不分割脫料板，而是做成一體，在第 1 次抽製的皺摺壓塊部位開孔，將皺摺壓塊當成另一件零件組合起來。

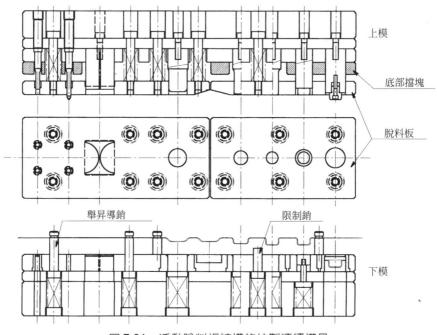

圖 7-31　活動脫料板結構的抽製連續模具

　　模具的作動過程如圖 7-32 所示。(a)爲上模下降、舉昇狀態的材料與脫料板相接觸的狀態，(b)爲藉脫料板將舉昇導銷壓下、脫料板碰到下模限制銷的狀態，(c)爲藉限制銷頂住脫料板，沖頭前端伸出至脫料板面之下、開始進行抽製，之後脫料板碰到上模的底部擋塊、被固定住，限制銷隨之被壓下、至到達下死點的狀態。

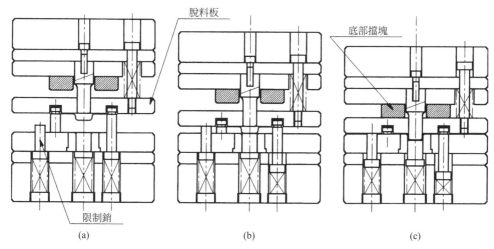

圖 7-32　活動脫料板結構的加工過程

　　改變彈簧的強度、使脫料板在中途停止，用這種方式以使材料不致被壓住，這種想法所依賴的零件就是限制銷。在工程數目多的抽製加工時，須要在哪個工程搭配限制銷的長度，判斷時可能會使人感到迷惑。因此，最好採用容易調整長度的構造。

　　使用限制銷這類過去不曾想到的零件，可使一直以爲不能用的構造亦變成可用。可見在設計時，最重要的就是不放棄、不斷運用智慧解決困難。

　　在抽製加工很容易了解限制銷的用途，而在彎曲等的若干製品形狀時，限制銷也可派上用場。故不要僅將限制銷侷限在抽製加工，應充分了解其原理，嘗試各種應用的可能。

　　前面說明過的構造雖是以向下抽製的構造爲例，但對向上抽製而言，亦存在對應的構造。

7. 向上抽製的構造

本段目標

■ 了解向上抽製構造在選擇時的注意點。

■ 了解向上抽製構造的特徵。

　　爲了進行向上抽製的加工，要做成沖頭在下 (下模)、沖模在上 (上模) 的形式。改變成此形式時，皺摺壓塊或脫料板之類的活動零件也變成裝在下模。即使是有這樣的改變，若僅對抽製而言，仍然少有問題。但在連續加工時，必然同時會有沖剪加工。在沖剪加工時，希望採用的構造是由上向下的沖剪，讓產生的廢料向下掉落，既容易處理、發生的問題也少。

　　圖 7-33 所示的圖形，是出現在抽製連續加工的主要沖剪加工。以下即就此點分別進行向上、向下加工的檢討。

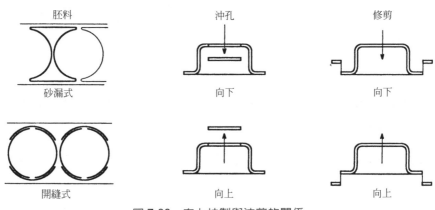

圖 7-33　向上抽製與沖剪的關係

(1)胚料加工

　　在砂漏式沖剪時，若採用向上沖剪以製作胚料，廢料會留在上模的沖模中，問題點很多，故而行不通。若採用開縫式加工時，由於不會產生廢料，即使採用向上加工也一樣可以。

(2)沖孔加工

　　如圖所示的沖孔加工時，重點在於孔徑與抽製直徑間的相對關係。若孔徑小，採用的沖模可與抽製內徑配合，則可採用向下加工。孔徑若變大，這種方法會使沖模的強度變弱，故而不能採用。在沒有特殊狀況時，判斷應採用向上或向下加工的一個主要因素，即爲這個孔的加工。做成向上的方式時，廢料的處理會是問題。對於廢料的掉落、不會發生廢料卡住的排出方法，都須要下工夫處理。

(3)修剪

修剪的方法有向下沖剪掉落、以及向上沖剪的方法。向上沖剪的方法又分以下 2 種取出方法。

①用頂出桿將修剪時進入沖模中的製品推出來的排出方式。這種構造最為簡單，問題點也少，但須要注意排出的製品可能會彈到沖模上的事故。因此其生產性也會略為降低。

②與沖孔的廢料一樣穿過上模內部排出。但必須設法確認是一個一個確實排出，否則容易造成模具破損的事故，但由於修剪工程是最後一道工程，故取出製品的構造也較容易設法解決。

做成向下沖剪時，沖剪加工變成沖頭在上、抽製加工則變成沖頭在下，加工材料的上下方向變動變得很難判讀。

8. 向上抽製模具的構造製作法

假設採用圖 7-34 所示的配置，考慮向上加工的模具構造應如何製作？改變配置中胚料加工及修剪的沖剪方向，檢討看看這種差異會使構造產生何種改變？

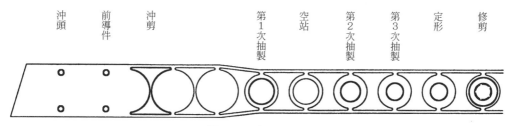

沖頭　前導件　沖剪　第1次抽製　空站　第2次抽製　第3次抽製　定形　修剪

圖 7-34　加工配置

(1)構造設計

製作向上抽製構造的方式如下所示：

①將重要零件的關係做成容易理解的形式

首先，將沖頭、沖模之類的必要零件依配置圖排列，進行作圖 (圖 7-35)。

此時，先假設沖頭、沖模的後側靠在背板上，將其排成同一線。採用這種做法時，零件的關係會很容易理解。

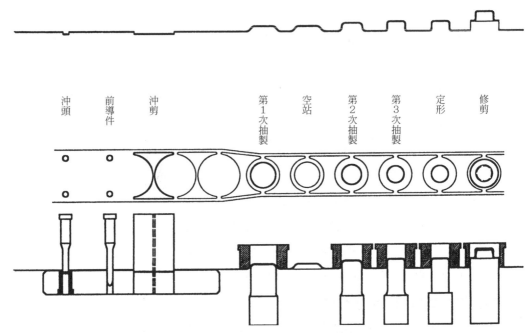

圖 7-35　構造設計的最初階段

②決定高度的關係

作圖之後，沖剪及抽製沖頭在固定側的面即變成上模、下模的兩個端面。對於二者之間的空間，則要在作圖時加上必要的板子。決定沖頭固定板的厚度時，採用如圖 7-36 般的方式進行作圖，與沖模之間有間隙存在時，就用兼具背板功能的間隔板厚度來調節，使沖剪及抽製的關係能相互搭配。

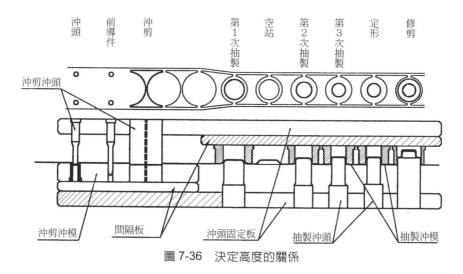

圖 7-36　決定高度的關係

③脫料板、皺摺壓塊的作圖

　　接下來，則是在板厚圍起來的空間進行脫料板或皺摺壓塊的作圖 (圖 7-37)。進行至此，模具的形狀就出現了。由於製圖工作時表示的是下死點的狀態，並沒有考慮加工時上下變動的影響。在進行製圖工作的時候，首先要專注在製作與加工有關的構造上。

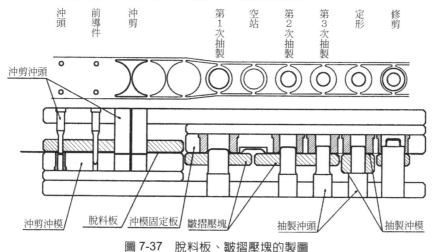

圖 7-37　脫料板、皺摺壓塊的製圖

④由上下方向產生的加工特徵

　　到此為止所了解的事項為下列 2 點：

(a)關於上模部分，其沖剪沖頭很長，比抽製沖模還高(這個差值會呈現
　　為上下方向的變動)。

(b)加工完畢時，是在沖剪沖模面的高度位置結束。

　　連續加工時，沖剪變成最後完成的加工。屬於向上加工時一起進行
　　的加工內容(向上抽製、向上彎曲加工等)，是在比沖剪沖模面更高的
　　位置開始加工，而在沖剪沖模面的位置結束。所以，進入沖剪沖模
　　的沖剪沖頭變成最長的零件。

⑤ 了解加工前的模具狀態

　　圖 7-38 表示的是位於進給線高程、加工前的下模狀態，做法是將脫料
板抬高，使材料進給不受阻礙，並配合該高程加上舉昇導銷等。圖 7-39
表示的是相同的上模狀態。

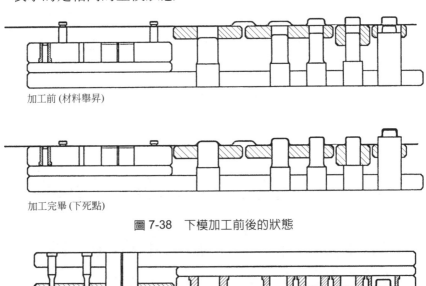

加工前 (材料舉昇)

加工完畢 (下死點)

圖 7-38　下模加工前後的狀態

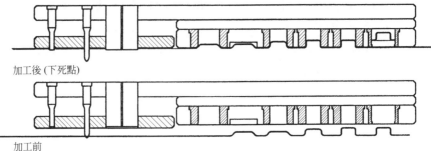

加工後 (下死點)

加工前

圖 7-39　上模加工前後的狀態

　　由前面為止的工作，可以掌握到加工完畢後的下死點狀態、及加工前模具狀態的圖形。但設計的工作並不是到此便告結束，還須要調查加工途中會出現何種動作方式，再加以修正才能完成工作。

9. 其他注意事項

本段目標

▪ 了解抽製加工途中的材料動作。

▪ 了解向上抽製構造設計的注意點。

▪ 了解抽製模具零件設計的留意點。

　(1)加工途中的材料動作

　　向上加工及向下加工混合時在構造上的問題點、及進行構造設計的基本方法，都已在前面說明過了。在此將要由加工途中的材料動作，來了解會出現何種形狀的變形，並探討如何將其反映在構造設計上。

　　圖 7-40 是前面檢討過的模具構造的上模及下模。圖中的上模表示的是舉昇狀態時與材料相接觸的時點。由高度最高的部分開始發生接觸，下模的脫料板也開始被壓下。

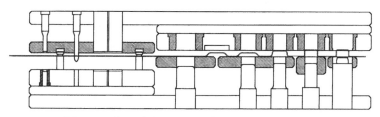

圖 7-40　加工階段 1：上模與材料相接觸的狀態

　　圖 7-41 表示的是上模下降進行到某種程度時的狀態。在圖 7-41 的 A 處所指出的部位，是定形工程與修剪工程間的變形狀態，所產生的變形量為最大。這個變形無法僅由料橋的部分吸收，將會進一步造成修剪製品大幅度的傾斜。如果可能的話，最好能在這種狀態形成前，在修剪工程加入製品的導引裝置，但受限於與材料進給間的關係，這種做法難以執行。

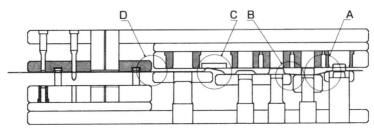

圖 7-41　加工階段 2：上模下降途中的狀態

這個問題的對策有：

①先用限制銷將定形、修剪工程的脫料板一併壓下(此種做法時，當進行
　到上模復位的工程時，也須要注意脫料與限制銷間的關係)。

②設置空站以挪出間隔，使傾斜量減小。

③將前述的①及②併用等等。

圖 7-41 的 B、C 部分，表示的是中段抽製工程部位的兩端。在圖 7-41 的
B 所示與定形工程的高度差，可以使用限制銷做為對策。在中段工程時，
脫料板通常不具有皺摺壓塊的功能，而是以將加工後附在沖頭上的製品
扒出、原本的脫料板機能及舉昇機能為中心，因此，即使先將脫料板壓
低，對加工造成的問題也很少。

但是，對於第 2 次抽製等須要有皺摺壓塊的位置時，就須要將皺摺壓塊
與脫料板分開、另行製作(做成這種方式時，脫料板的任務僅有舉昇的機
能而已)。圖 7-41 的 C 的部分，表示的是第 1 次抽製與中段抽製的關係。
在第 1 次抽製時，脫料板具有脫料板機能及皺摺壓塊的機能，由於皺摺
壓塊的機能變得很重要，就不可以使用限制銷將脫料板先行壓下。

因此，即使先將中段抽製工程的脫料板壓下，材料還是會發生傾斜，只
好在第 1 次抽製與第 2 次抽製之間設置空站，用距離將傾斜量減小。

此外，由於第 1 次抽製的脫料板不須處在舉昇狀態的位置，若將其高程
降低，則傾斜的影響可以減小。圖 7-41 的 D 的部分，是在沖剪與抽製之
間。此處的加工方向是抽製朝上、沖剪朝下的相反方向。因此，沒有辦
法消除其高度差。由於構造上也相反，限制銷的對策也不適用。要靠設

置空站的距離作用，再加上將相關零件做出斜面，使成為平順變化的狀態。圖 7-42 所示，為目前為止說明過的、加工時的主要變形對策。而圖 7-43 所示，則為採行變形對策後，下模材料舉昇狀態的圖形。

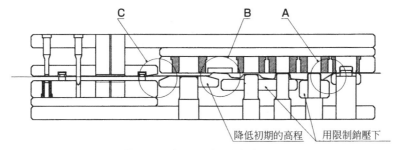

圖 7-42　加工途中的變形對策

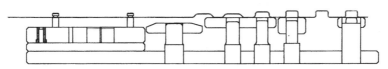

圖 7-43　採取上下方向的變形對策後、舉昇狀態的圖形

可以和圖 7-40 的下模圖形比較看看差異何在。

⑵抽製模具零件在設計上的留意點

①抽製沖模與頂出塊的關係

　　圖 7-44(a)所示，為抽製加工前的沖模與頂出塊的狀態。抽製完畢時，希望能成為圖 7-44(b)所示：頂出塊的前端進入沖模垂直部 (軸承部) 的狀態，但也常做成圖 7-44(c)所示的形狀。這是為了使抽製加工容易進行起見，而將軸承部的長度盡量縮短。此時，軸承部後側的直徑差要做成使頂出塊的前端不會靠到的形狀。圖 7-44(d)所示的形狀，則不被允許。

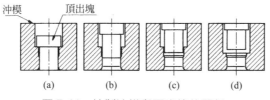

圖 7-44　抽製沖模與頂出塊的關係

圖 7-45 所示爲其他的注意事項。在頂出塊或沖模上也要設加工油或空氣的逃逸口。常常發現在頂出塊上有設空氣孔，但沖模上卻不設，造成沖模中有油積存，導致模具損壞的事故。

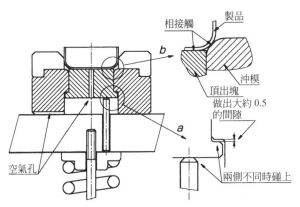

圖 7-45　抽製沖模的細部注意點

圖 7-45 的 a 所示爲頂出塊與緩衝銷的注意事項。緩衝銷與頂出塊的帽簷若與沖模成爲密接的關係，會造成管理上的困難，有時會導致頂出塊的帽簷破損、或緩衝銷彎曲之類的事故。爲了要防止這種情形發生，設計時採用如圖 7-45 a 的放大圖所示。沈頭孔的深度較難管制，但帽簷的厚度或銷的長度則容易管理。最好是對容易管理的零件進行設計考慮。圖 7-45 b 所示，爲製品與頂出塊、沖模 R 部的關係。若製品能如圖所示進入導塊內，即使不特別注意頂出塊與製品的關係也可以，但因連續加工時不能使用導塊，故沖模與製品間的定位有困難。將其間的關係設計成爲圖 7-45 b 的樣式時，製品的 R 部就可以與沖模 R 部合爲一體。

②圓筒抽製沖模的尺寸

圖 7-46 所示爲圓筒抽製沖模的標準尺寸。這是使用 SKD 11 等材料製作沖模時的尺寸。若是使用超硬合金等製作嵌合件時，則與此處所示的尺寸不同。H 尺寸 (軸承部) 要配合製品，不須加長或縮短，只要做成一定長度之上，抽製加工時就不會產生阻礙。若加長的話，沖模與材

料的接觸面積變大，會造成油膜中斷等，成為裂痕、瑕疵等事故的原因。若將軸承部縮短，雖然可以減少抽製阻力，但抽製後的彈回會增大，沖模的磨損也會提早發生。

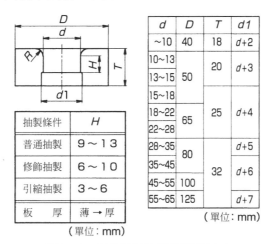

d	D	T	d1
~10	40	18	d+2
10~13	50	20	d+3
13~15			
15~18			
18~22	65	25	d+4
22~28			
28~35	80		d+5
35~45		32	d+6
45~55	100		
55~65	125		d+7

（單位：mm）

抽製條件	H
普通抽製	9～13
修飾抽製	6～10
引縮抽製	3～6
板　厚	薄 → 厚

（單位：mm）

圖 7-46　圓筒抽製沖模的標準尺寸

③空氣孔

在抽製沖頭上設孔的目的是：將加工中被封閉起來的空氣或油排出，以及將製品由沖頭上取出時，若製品中為真空，會不容易取出，故要將空氣導入等。此孔稱為空氣孔。空氣孔若過小，則效果弱，若過大，則會成為事故的原因。圖 7-47 所示為空氣孔的大致標準。空氣孔的側孔位置要注意不會在加工中被擋住。

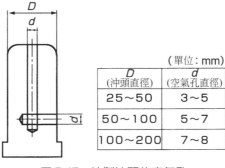

（單位：mm）

D (沖頭直徑)	d (空氣孔直徑)
25～50	3～5
50～100	5～7
100～200	7～8

圖 7-47　抽製沖頭的空氣孔

7-4 抽製連續加工與沖床間的關係

本節目標

◼ 了解抽製高度與沖床衝程的關係。

◼ 了解抽製高度與材料進給的關係。

◼ 了解抽製加工力與沖床扭矩能力的關係。

◼ 了解抽製方向與緩衝彈簧的關係。

1. 抽製高度與沖床的衝程長度

在此將就抽製加工與沖床的關係加以說明。重點在於當抽製高度變高時所發生的問題，相關的內容還包括與緩衝彈簧有關的部分。

圖 7-48 的圖是假設加工出來的抽製製品高度大約達到沖床衝程長度 (以下簡稱為衝程長度) 的一半。加工開始點是由衝程長度的中間點開始。在下死點時結束抽製，完成抽製的工作。但是，在復位的行程中，當沖頭到達上死點時，製品被沖頭及沖模面夾住，取不出來。這種情況的沖模裝有頂出件，為了能將進入沖模內的加工製品推回來，應該具備有製品高度 2 倍以上的空間。

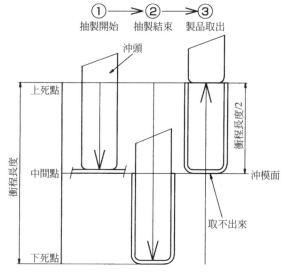

圖 7-48　抽製高度與衝程長度的關係 (製品取出：頂出方式)

　　圖 7-49 是令抽製加工出來的製品掉到沖模下，屬於單向通行方式的加工方法。加工開始位置是至下死點距離爲沖模厚度 [抽製加工所須要部位的長度 (厚度)：沖模 R 值＋軸承部] 加上抽製高度後的位置。如圖所示，亦可取爲由中間點之上的位置開始加工。這種方法可以採用在單站工程，但在連續加工時，由於加工途中的半成品是用料橋相連接，故無法採用。這種方法亦有值得了解之處，因此順帶一提。

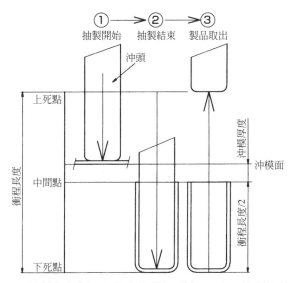

圖 7-49　抽製高度與衝程長度的關係 (製品取出：抽製掉落方式)

　　圖 7-50 所示者，爲抽製高度約達衝程長度 1／3 的加工狀態。在復位工程時，被推上到沖模面的製品距離沖頭下面有相當大的空間，故製品的取出不受阻礙。若僅考慮加工後的製品取出時，衝程長度大約有抽製高度的 2.5 倍以上即可。

2. 抽製高度與材料進給時點的關係

　　抽製高度與衝程長度的基本關係已經在前面說明過了，在連續加工時，除了該點之外，對於與材料進給間的關係亦須加以注意。

　　圖 7-51 是將圖 7-50 所示者再追加上材料進給的關係。一般的材料進給時點是在 270° (上死點爲 0°、下死點爲 180°) 時開始進行材料進給，在 90°時結束。也就是：利用衝程復位工程的中間點到下降工程的中間點做爲材料進給之用。

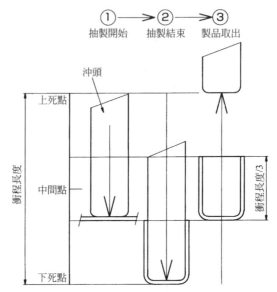

圖 7-50   安全的抽製高度與衝程長度的關係 (加工與取出)

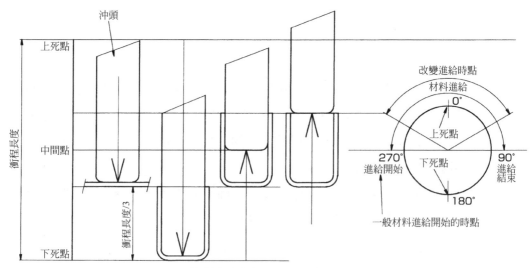

圖 7-51   抽製高度與衝程長度、進給時點的關係

在圖 7-51 的③是進給應該開始的位置，但沖頭仍在製品之內，會與材料進給

有干涉，因此無法進行所須的動作。其對策是將進給開始的位置延後。由於這種方法會導致進給的速度加快，模具內的材料會稍微受拉，使挫曲等也較容易發生。因此，進給開始位置的延遲量也有其限度。不過，材料進給的開始位置與結束位置並不須要以上死點為中心而左右對稱，故亦可使結束位置向後延，做為進給時間使用。

還有 1 種方法則是將衝程長度取為製品高度的 4 倍以上。

3. 沖床扭矩能力與抽製加工力的關係

使用曲柄機構或肘節機構的機械沖床，由上死點到下死點之間所產生的加壓力會有變化。此即如圖 7-52 的扭矩能力曲線所示。

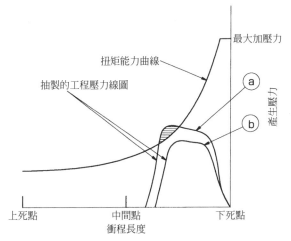

圖 7-52　沖床扭矩能力與抽製加工力的關係

使用沖床進行抽製加工時，對於之前說過的抽製高度與衝程關係的搭配，一定要加以檢查。抽製工程的壓力線圖如圖 7-52 的ⓐ、ⓑ形狀所示。抽製工程線圖若不在扭矩能力線圖的內側，則無法適用，如圖 7-52 ⓐ斜線區域所示的凸出部分，是不可接受的。

想要知道實際正確的行程壓力線圖，確有困難，所以改成對抽製開始點的抽製加工力確認其是否位於扭矩能力曲線的內側。

計算抽製加工力時，由於抽製負荷必須小於破壞負荷，故可求出破壞負荷，

將其當做抽製負荷看待，這種做法可使計算的工作簡化(參考圖7-53)。

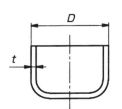

$$P = \pi \cdot D \cdot t \cdot \sigma_B$$

P：破壞負荷(kg)

π：3.14

D：抽製直徑(mm)

t：板厚(mm)

σ_B：抗拉強度(kg/mm²)

圖7-53　抽製力的概算(破壞負荷：初抽製)

4. 抽製高度與模具用彈簧的關係

圖7-54所示，爲向上抽製與向下抽製在抽製結束時的狀態。在使用彈簧以產生緩衝壓力的場合時，要檢討的事項有：

(1)須要的初期壓力(皺摺壓力)

(2)相對於彈簧自由長度的最大撓曲量

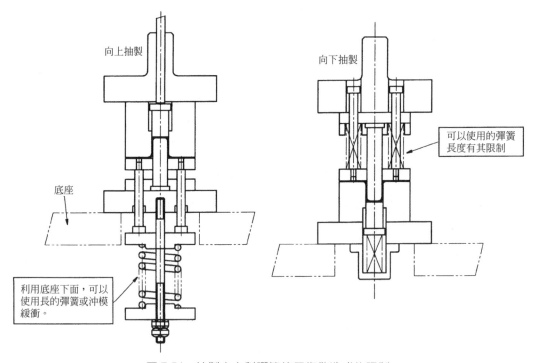

圖7-54　抽製方向對彈簧使用條件造成的限制

　　彈簧的總撓曲量是由初期壓力所須的撓曲量與抽製高度合計而得。一般希望的數值是在彈簧自由長度的 30％以下 (考慮彈簧的壽命等)。若抽製高度變長，彈簧的自由長度也必然隨之增長，如何放在模具內就成為要思考的事項。以這點而言，又與決定抽製的方向有關。

　　向上抽製時，若要使用長的彈簧可以利用底座下面的空間。在向下抽製的場合時，確保彈簧空間有時會有困難。若抽製高度有變化，必須知道對這個部分會有影響。當沖床的沖模高度或材料的進給線高度仍有餘裕時，也常在下模或上模安裝給彈簧空間用的架子。

7-5　角筒抽製加工

本節目標

▪ 了解角筒抽製的特徵。

▪ 了解角筒抽製的工程設計法。

▪ 了解模具構造設計的注意點。

1. 角筒抽製的特徵

　　在說明之前，先用圖 7-55 對角筒抽製各部位的名稱予以標示。

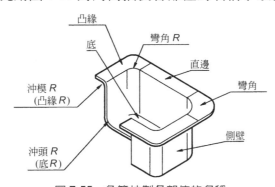

圖 7-55　角筒抽製各部位的名稱

　　在此先對圓筒抽製與角筒抽製的差異做一比較 (參考圖 7-56)。圓筒抽製時，由於側壁是由均勻的半徑所組成，故全周會產生均勻的加工變形。角筒抽製則是

由直邊部與彎角部所組成,各部位的加工變形不會是均勻的。因此,容易形成如圖 7-57 所示的缺陷,包括彎角部的裂痕、直邊部的衝擊痕及凹凸不平。

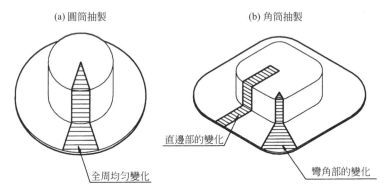

(a) 圓筒抽製　　　　　　　　(b) 角筒抽製

全周均勻變化

直邊部的變化

彎角部的變化

圖 7-56　圓筒抽製與角筒抽製在材料移動上的差異

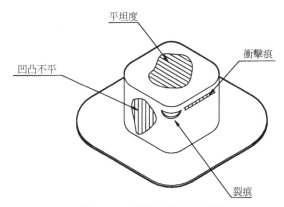

平坦度

衝擊痕

凹凸不平

裂痕

圖 7-57　角筒抽製的缺陷現象

凹凸不平是在直邊部發生翹曲的現象,有時候摸起來有凹癟的感覺,所以也稱為「有凹癟」。這是由於材料由彎角部向直邊部流動,在直邊部形成多餘的材料而翹曲。有時則是加工時由凸緣方向來的材料流動過多所造成。不論何者,都是導致直邊部有多餘材料的原因。

角筒抽製的重點,就是要設法使彎角部與直邊部在加工中的材料流動能變得均勻。

2. 角筒抽製的胚料展開

進行角筒抽製的胚料展開時,要將直邊部位與彎角部位分開考慮。彎角部位

要用抽製計算，直邊部位要用彎曲計算，求出個別的大小後，再將其形狀合成 (用作圖的方式)，以決定胚料的形狀。求胚料形狀的基本方法如圖 7-58 所示。

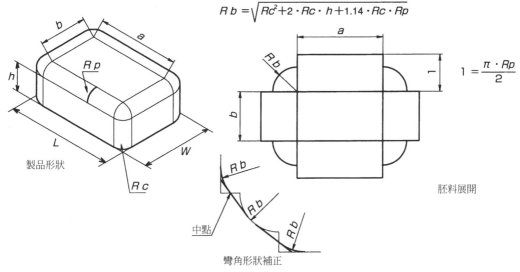

$Rb=\sqrt{Rc^2+2\cdot Rc\cdot h+1.14\cdot Rc\cdot Rp}$
$1=\frac{\pi\cdot Rp}{2}$
b
a
h
Rp
L
W
Rc
製品形狀
Rb
1
中點
彎角形狀補正
胚料展開

圖 7-58　角筒抽製的胚料展開

角筒抽製如圖 7-59 所示，是在正方形抽製與長方形抽製之間變化。其變化使得胚料的形狀也隨之改變，正方形抽製時的胚料會變成圓形，使用的計算式如圖 7-59(a)所示。

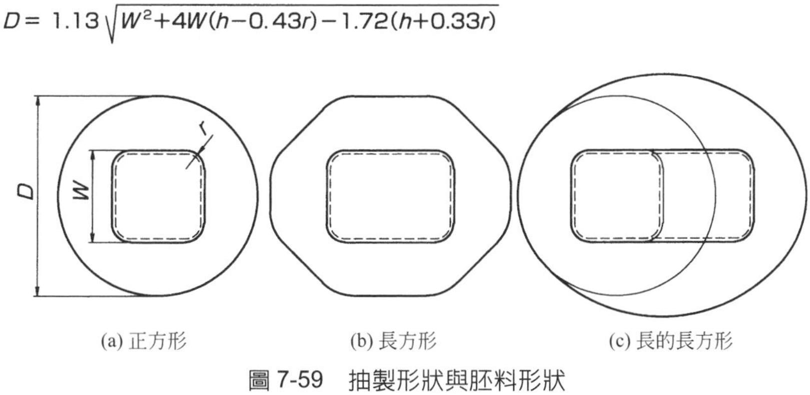

$D=1.13\sqrt{W^2+4W(h-0.43r)-1.72(h+0.33r)}$
D
W
r
(a) 正方形
(b) 長方形
(c) 長的長方形

圖 7-59　抽製形狀與胚料形狀

當形狀大約爲 L = 2W 時，適合採用基本的胚料形狀求取法。若 L 尺寸比 W 尺寸大得多，則如圖 7-59(c)所示，將兩端視爲正方形抽製以進行計算。在這種形

狀時,其胚料會變成橢圓形。

3. 角筒抽製的工程設計

可以 1 次完成抽製的大致標準如圖 7-60 所示。不合於此條件者,則須要進行再抽製。再抽製的條件設定因相對板厚 (t / W×100、W:胚料在窄邊的寬度) 或製品的寬度 (W) 與長度 (L) 的關係而異。

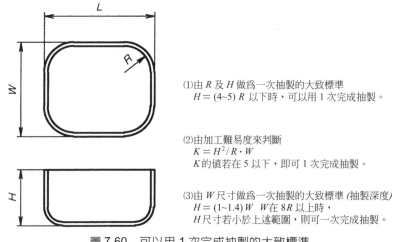

(1)由 R 及 H 做爲一次抽製的大致標準
   $H = (4\sim5) R$ 以下時,可以用 1 次完成抽製。

(2)由加工難易度來判斷
   $K = H^2 / R \cdot W$
   K 的值若在 5 以下,即可 1 次完成抽製。

(3)由 W 尺寸做爲一次抽製的大致標準 (抽製深度)
   $H = (1\sim1.4) W$ W 在 8R 以上時,
   H 尺寸若小於上述範圍,則可一次完成抽製。

圖 7-60　可以用 1 次完成抽製的大致標準

工程設定的圖形如圖 7-61 所示。工程設計時,重要的部位在於圖中以 X 表示的區域,最好盡量取爲小的數值。此外,爲了防止凹凸不平的發生,不要用中段抽製工程製作直邊部,最好是以圓弧方式令整個形狀的材料都產生移動 (能否以圓弧處理則與相對板厚有關)。角筒抽製的工程設計無法訂出像圓筒抽製般明確的設定基準,多是依工程形狀製圖後,再依經驗判斷做最後的決定。

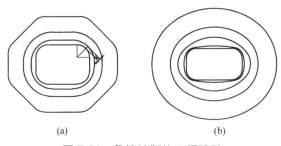

(a)　　　　　　　　　　　(b)

圖 7-61　角筒抽製的工程設計

4. 角筒抽製模具構造的注意點

角筒抽製時，直邊部是以彎曲的圖形方式考慮，彎角部則以抽製的圖形方式考慮。

(1)沖模 R 值

由胚料開始的最初抽製、即初抽製時的沖模 R 值，在直邊部是依彎曲所適用的加工條件設定在板厚 2～4 倍的範圍。彎角部則是依抽製所適用的加工條件設定爲大約在板厚 4～10 倍的範圍。兩者交界的部分則以平滑變化的方式做一結合 (圖 7-62)。

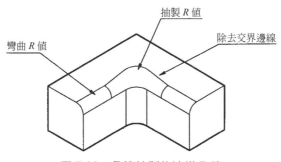

圖 7-62　角筒抽製的沖模 R 值

(2)抽製襯墊

在初抽製時，彎角部位與直邊部位的材料滑動阻力不同，直邊部位只受到單純的彎曲條件作用，因此滑動阻力小，彎角部位則同時受到彎曲與朝向周圍方向的材料移動作用，使滑動阻力變大，成爲發生裂痕的原因。此外，直邊部因爲材料容易流入，成爲導致凹凸不平等不良現象的原因。在彎角部的材料流入方面，可用沖模 R 值或餘隙做爲防止裂痕的對策，至於凹凸不平的對策，則是增加胚料在彎角部的油的塗布，在直邊部則使之減少。除了採用改善沖模及皺摺壓塊在彎角部的磨擦、使磨擦阻力減少等方法外，也經常採用抽製襯墊的方法，以強制方式改變滑入的條件，使彎角部及直邊部的滑動阻力能互相搭配。圖 7-63 所示爲抽製襯墊配置的基本方式。抽製襯墊要設在加工結束時不會與凸緣分離的位置上。

除了採用襯墊外，也可改採將凸緣彎曲，以產生出相同使用條件的方式。

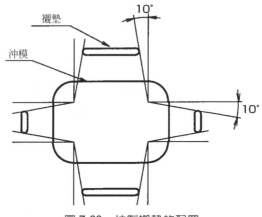

圖 7-63　抽製襯墊的配置

(3)沖頭 R 值

　　沖頭 R 值取決於製品形狀，但在初抽製或中段抽製時，通常可將彎角、直邊部都取成相同的 R 值。

(4)餘隙

　　依直邊部及彎角部而有不同。在初抽製或中段抽製時，若不將直邊部做成圓弧狀，而是採直線方式時，取成與材料板厚相同即可。若做成圓弧狀時，則將餘隙取大至板厚的 1.05～1.1 的程度。在彎角部分，取為板厚的 1.2～1.3 程度的大小 (彎角 45°位置)。直邊部與彎角的關係取為圖 7-64 所示者。

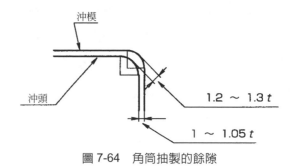

圖 7-64　角筒抽製的餘隙

5. 角筒抽製的連續工程設計例

圖 7-65 為水晶振動件等使用的外殼製品圖形。抽製工程是以 3～4 道工程的抽製加工來完成。加工上的重點為側壁部分不得有凹凸不平、衝擊痕，且須確保抽製底部與凸緣的平坦度。

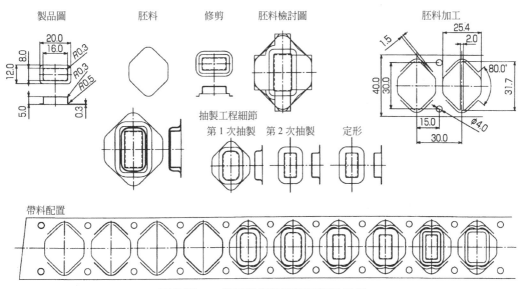

圖 7-65　角筒抽製的連續工程設計例

凹凸不平及衝擊痕與第 1 次抽製及第 2 次抽製形狀的沖模 R 值、沖頭 R 值有關。抽製底部及凸緣的平坦度則與定形工程的條件設定有關。定形時，要使材料受到拉伸的作用力，不使產生鬆弛的可能。胚料的保持則依該製品的大小程度、板厚，判斷適合採用開縫式。在對加工不會產生影響的程度內，將胚料形狀做成簡單的形狀時，製作會較容易。此時，一定要在胚料的角部加上 R 值。如果做成沒有 R 值的角時，一旦進行抽製加工，該部分可能會如長角般伸長，對加工造成影響。其他的注意事項則與圓筒抽製時相同。

7-6 孔環抽製及伸展抽製

本節目標

▪ 了解抽製 (深抽製) 與伸展抽製的差異。

▪ 了解孔環抽製的特徵。

▪ 了解伸展抽製的特徵。

1. 抽製加工與伸展加工

到目前為止說明過的抽製加工，是如圖 7-66 (a) 所示、使胚料外周縮小而成形的加工。這種有變形同時發生的加工，一般稱為抽製加工，但正確的稱呼應為深抽製。在一般人的印象裡，總覺得抽製高度比抽製直徑低的場合即為淺抽製，高的場合即為深抽製，識別之道如此而已，但其實若以加工形態來判斷，二者都應屬於深抽製。不過，若是置身製作現場，對於抽製高度比抽製直徑低的抽製，也會視為淺抽製。

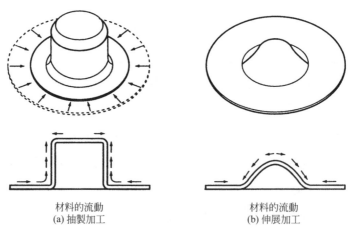

材料的流動
(a) 抽製加工

材料的流動
(b) 伸展加工

圖 7-66　加工法與材料的流動

此處則是採取深抽製＝抽製的定義，再進而討論抽製的深、淺與抽製直徑間的比較關係。

　　當抽製形狀的凸緣變得非常大時，若以抽製加工來製作該形狀，由於抽製率的關係，須要多道的工程數目來完成，就會變得不經濟。這種做法的問題點在於：胚料外周的縮小與加工同時進行，若改成如圖 7-66(b)所示，利用材料的伸長進行加工又將如何？在抽製加工時，材料會收縮，凸緣隨之變形，流入沖模內使形狀被成形出來。將材料拉入沖模內的力，大部分是由與沖頭肩部相接觸的部位承受。當這個部位支撐不住、材料發生破壞時，就到達抽製的極限。由於伸展加工的凸緣部分很大，使得來自於凸緣方向的材料流入量變少，伴隨成形過程所增加的表面積，則主要是來自板厚的減少。因此，隨著成形的進行，會在成形形狀的某處發生破壞。

　　這種破壞的發生要考慮 2 項因素。其一來自於材料的強度不足，其二則是由於材料的延展性不足所致。若以具體的例子加以說明，在材料強度不足的部分，當使用有稜角的沖頭進行伸展加工時，與沖頭角部相接觸的材料會受到集中力作用，在其它部分開始延伸前，與角部相接觸的材料就已經破壞了，若材料有足夠的抗拉強度，則或許還有可能加工出來。

　　至於延展性不足的例子方面，若沖頭沒有稜角，而是具有光滑且和緩的曲線，當壓在材料上時，材料雖然會順著沖頭的曲線均勻伸展而成形，但若超過材料具備的伸長極限也一樣會破壞。在進行伸展成形的工程設計時，必須要考慮這些事項。

　　以下則就與伸展抽製有關的抽製加工加以說明。

2. 孔環抽製

　　在圖 7-67 所示的連續加工例子中，並沒有經過胚料製作的過程，而是由帶料直接進行抽製加工的配置方式。一般將這種形式的加工方法稱為「孔環抽製」。由於經常使用在孔環製品的加工，故以此方式稱呼。

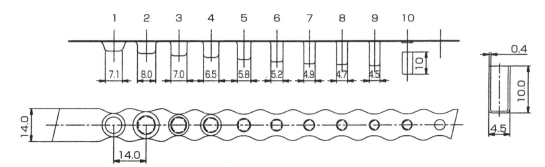

圖 7-67　孔環抽製的工程例

　　其加工內容是由抽製與伸展組合而成的加工內容。雖然是屬於製作現場的稱呼法，但卻是大家所熟悉的稱謂，由於容易予人以形狀的聯想，故採用此稱呼法進行說明。

　　孔環抽製的胚料與普通圓筒抽製採用的方式相同。令求出的胚料直徑＝盤捲材的材料寬度。進給節距或取為與胚料直徑相同、或略為減小。第 1 次抽製的抽製率約取為 m = 0.6，再抽製工程的抽製率則取在 m = 0.8 的程度，屬於較寬鬆的設定條件。這種抽製的特徵為：進行加工時，在第 1 次抽製與第 2 次抽製之間不設空站。這種做法是為了可以不製作胚料即進行加工之故。

　　由加工的最初狀態來考慮看看這種做法。在第 1 次抽製時，材料被抽製，之後材料進給 1 個節距，再進行第 2 次的抽製，此時，周圍的材料會被第 1 次抽製帶進來。若有胚料的話，胚料的收縮即可解決此一問題，但由於孔環抽製並未做出胚料，使得第 1 次抽製出來的部分也會對第 1 次抽製側造成拉伸。為了防止這種現象，故而安排第 2 次抽製緊接著第 1 次抽製進行加工。如果此處設有空站的話，就無法順利進行抽製。在第 1 次抽製時的材料拉入，來源包括材料寬度的收縮以及來自進給裝置方向的拉入。若用進給裝置將材料固定住的話，就無法拉入材料，加工也就無法順利進行。之前提到進給節距可以比胚料直徑略小的理由，亦即在此。在孔環抽製加工時，經常使用所謂節距進料器的爪式進給裝置。這種進給裝置的構造可以使材料不斷朝進給方向移動，但反向移動則靠爪的勾住作用予以限制。使用一般的進給裝置時，則要調整放開材料的時點才能使用。

　　在模具構造方面，第 1 次抽製有使用皺摺壓塊，但從第 2 次抽製起，沖模側皆使用活動脫料板結構。沖頭處在自由的狀態下，在進入加工途中的材料時，同時並修正其傾斜以進行抽製加工。模具構造雖然簡單，沖模的製作方式卻有問題。由於必須使第 1 次抽製與第 2 次抽製相鄰接以進行加工，造成沖模嵌合件過於接近以致無法使用，必須在沖模塊上直接加工出沖模形狀及沖模 R 部。這種加工的做法頗為困難。

　　乍見之下，這種加工是對材料直接進行抽製，與伸展抽製頗多相似之處，而從以上的說明看來，可知道大部分也還是由普通的抽製要素所組成。這種加工方法可以說是建立在第 1 次抽製工程時對材料控制所下的工夫上。

3. 伸展抽製

　　圖 7-68 所示的加工配置，是包括伸展抽製在內的加工例。由該配置可以了解，伸展抽製經常須要具有多道的工程數目。其理由為：

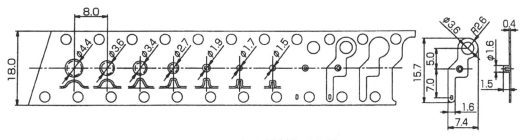

圖 7-68　伸展抽製的工程例

　⑴為了得到形狀加工所須要的表面積 (體積)，但又要使板厚減少的程度盡量減少，因此要利用到大範圍的材料面積。

　⑵在加工途中 (尤其是最初的工程)，不要造成局部板厚的減少。

　　由於有這些需求，又不能做成不合理的工程方式，最後就使得工程數目變多起來。抽製加工通常是做成如圖 7-69(a)所示的方式，由直徑大而低的狀態開始，逐漸使直徑縮小，並使材料體積朝高度方向移動，但在伸展抽製或凸緣大而低的抽製加工時，則多採取如圖 7-69(b)所示，在一開始即確保出所須要的抽製高度，之後再對直徑進行修飾的方法。在利用材料伸長性能的伸展加工時，由於要做出

較高形狀的加工有其困難 (最近採用與引縮加工組合的方式，即使是有相當高度
的加工也做得出來)，再加上前面說到的板厚減少對策這 2 點，故而決定了應有的
最終樣式。

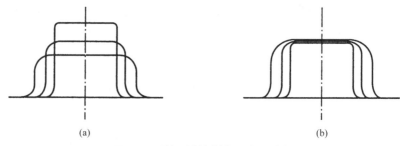

(a)   (b)

圖 7-69　附凸緣抽製的工程設定例

　　利用大面積、造成較少的板厚減少、做出所須要的高度、採用較寬鬆的抽製
率讓局部的板厚減少不會發生，要在這樣的目標下對沖頭形狀、餘隙及沖模 R 值
下工夫。通常為了使加工容易進行，會將加工時的沖模 R 值加大，高度方面則做
成比製品高度還要高，在最後的工程再定形修飾。在工程設定時，最好多取 1 至
2 道的預備工程。

4. 伸展與抽製的組合加工

　　在圖 7-70 所示的階梯狀抽製加工中，若第 1 段與第 2 段的直徑差異小，可以
用抽製加工順利加工出來，但若差值變大，抽製加工就會變得困難。這種時候，
若與伸展加工組合在一起進行加工，可以將工程縮短。

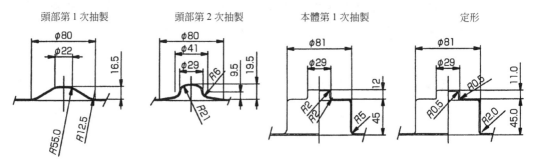

頭部第 1 次抽製　　　　頭部第 2 次抽製　　　　本體第 1 次抽製　　　　　　定形

圖 7-70　伸展抽製的組合工程例

　　在此種工程時，可考慮的方法有 2 種，一種方法是先進行本體的抽製加工，

之後再進行頭部加工，另一種則是先進行頭部加工，之後再進行本體的抽製加工。何者適用要視其形狀的細節而定。由於伸展加工的部分也僅有少量的材料被拉入，故多半是盡量使材料處在可以自由移動狀態下的加工會較有利。

對圖 7-70 的說明如下所述：

⑴做出頭部所須要的體積。此時要考慮本體的抽製直徑、決定伸展範圍，並要顧及加工後不會在製品上留下環狀痕線等。

⑵要做出與頭部所須直徑相接近的形狀。將沖頭、沖模 R 值加大，做為局部板厚減少的對策。在與本體抽製之間的關係方面，要對加工形狀下工夫，不使頭部周邊產生材料過多或不足的問題，同時也不要造成裂痕或形狀不良 (這個例子採取的對策是使凸緣部保持平坦不加工)。

⑶使頭部形狀接近完成的狀態，但為了不使加工有不合理之處，各部位的 R 值都有加大。在本體抽製的工程中，要進行決定抽製直徑的加工。與頭部加工時相同，沖模 R 值在抽製條件中都屬於要優先決定的項目。

⑷最終的工程即為定形。此工程的目的是調整形狀、將各部位的 R 值加工到指定的尺寸。為使定形加工能夠順利進行，各部位的形狀不能有鬆弛的情況出現，要使前一道工程製作出的形狀能再稍微受拉即可完成。

雖然是稱做伸展加工，但所包含的要素並不只伸展而已，抽製加工要素儘管不多，亦仍有其作用。同樣是抽製加工，與其他的加工也無不同，只是將作用效果最強的要素加以強調，用這種想法來看待這種稱呼法也就可以了。

連續沖壓模具設計之基礎與應用

Chapter **8**

孔凸緣加工

本 章 目 標

- 了解孔凸緣加工的特徵。

- 了解高的筒狀加工方法。

8-1 孔凸緣加工的特徵

要加工如圖 8-1 的形狀時，加工方法會因筒狀部分的高度 (h) 而異。若h尺寸小，孔凸緣加工法可以適用。若超過孔凸緣加工的極限時，就要改用抽製等其他的加工方法。

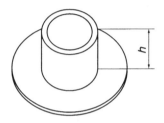

圖 8-1　沒有底的筒狀形狀

孔凸緣加工如圖 8-2 所示，先在板上開孔，再將孔的邊緣拉長，同時並形成凸緣的部分，是靠伸長形成凸緣的方法。因此，側壁高度的極限取決於材料的伸長率。當到達材料的伸長極限時，側壁邊緣會產生裂痕 (邊緣可能出現細小的裂縫，狀態就像「開花」一樣)。要製作高的側壁時，當然應該盡量採用伸長率大的材料，孔的切口面也要做得盡量平整，若是和沖壓加工的沖孔狀態相比，自然是以經過鉋削、或鉸刀加工的精修面為較佳。

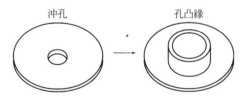

沖孔　　　　　　　　孔凸緣

圖 8-2　孔凸緣的做法

此外，孔凸緣使用的沖頭形狀或表面粗糙度也會造成影響。沖頭前端的形狀有平底 (常用在大直徑的加工)、砲彈形狀、推拔形狀及半球形狀，其差異所造成的變化很微妙。孔凸緣加工方法也和抽製的情況相同，分成普通孔凸緣加工及引縮孔凸緣加工。普通孔凸緣的方法是在板厚自然減少 (最大減少量約達板厚的30

%) 的狀態下進行加工，引縮孔凸緣的使用目的則是藉引縮使材料變薄 (可能達到板厚的 50 %)，以積極的方式產生高度、或是產生精度良好的外形。但以伸長極限為高度極限，依然是不變的前提。

　　圖 8-3 是與壓印加工相組合以得到高度的做法。用壓印加工做出某種程度的高度，之後再採用孔凸緣加工，使用在必須在大的面上加工筒狀形狀的場合。抽製加工時的凸緣會收縮，當要做的形狀具有大的平面時，使用上有困難，若是不能使用時，就要用到現在所說的方法。

壓印加工　　　沖孔　　　孔凸緣

圖 8-3　壓印加工與孔凸緣的組合加工

　　圖 8-4 所示，是使用抽製加工的方式，雖然能夠對應多種形狀的需求，但若要做的形狀中有大的凸緣時，就要使用多道工程，會有這方面的問題。此外，若是採用抽製加工之後再沖孔的方式以製作形狀時，會在邊緣留下圓角，或是在內徑位置殘留小的階梯狀差異。在不同的製品用途時，可能會造成問題。當採用凸輪修剪等特殊方法時，雖然可以做出平整的邊緣，但模具會變複雜，因而留下加工性不佳之類的面。以抽製與孔凸緣相組合時，也有可再改善之處。

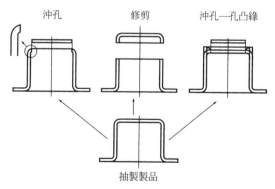

沖孔　　　修剪　　　沖孔—孔凸緣

抽製製品

圖 8-4　由抽製製品做出筒狀形狀的加工

8 -2 孔凸緣的條件

1. 孔凸緣的下腳孔

(1)普通孔凸緣

在孔凸緣加工時，必須決定孔凸緣加工前的孔徑，亦即所謂的孔凸緣下腳孔，但是能夠滿足孔凸緣所須形狀的下腳孔徑，是非常難決定出來的。通常使用的計算式採用的方法和抽製加工相同，都是由表面積來求取。若以圖 8-5 的形狀為例來說明，此時凸緣 R 值小，dm 的面積公式可以取為側壁部的面積與下腳孔面積的合計值，由該計算式換算成為求下腳孔徑的式子。若是如圖 8-6、凸緣 R 值大的形狀時，也可用相同的做法來求取。圖 8-7 的情況也相同。

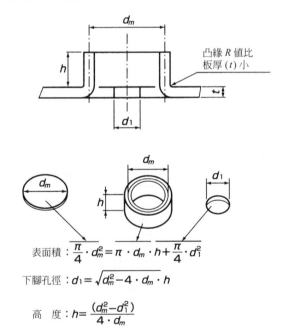

表面積：$\dfrac{\pi}{4} \cdot d_m^2 = \pi \cdot d_m \cdot h + \dfrac{\pi}{4} \cdot d_1^2$

下腳孔徑：$d_1 = \sqrt{d_m^2 - 4 \cdot d_m \cdot h}$

高　度：$h = \dfrac{(d_m^2 - d_1^2)}{4 \cdot d_m}$

圖 8-5　普通孔凸緣加工的下腳孔與孔凸緣高度 (凸緣 R 值小)

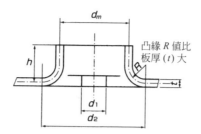

表面積：$\dfrac{\pi}{4} \cdot d_m^2 = \pi \cdot d_m (h-R) + \dfrac{\pi^2}{2} \cdot R \cdot d_2 - 2 \cdot \pi \cdot R^2 + \dfrac{\pi}{2} \cdot d_1^2$

下腳孔徑：$d_1 = \sqrt{d_2^2 - 4 \cdot d_m \cdot (h-R) - 2 \cdot \pi \cdot R \cdot d_2 + 8 \cdot R^2}$

高　度：$h = \dfrac{d_2^2 - d_1^2 - 2 \cdot \pi \cdot R \cdot d_2 + 8 \cdot R^2}{4 \cdot d_m} + R$

圖 8-6　普通孔凸緣加工的下腳孔與孔凸緣高度 (凸緣 R 值大)

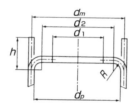

高　度：$h = \dfrac{1}{d_m} \left(\dfrac{\pi \cdot R \cdot d_3}{2} + 2 \cdot R^2 + \dfrac{d_3^2 d_1^2}{4} \right)$

條件設定上的注意點

令 d_1 比 d_3 略小
製品高度將為 $H + h$，高度的微調由抽製
高度 (H) 著手即可。
R 值若小，會在外側產生環狀痕線
加大 R 值之後，要注意孔凸緣的加工極限 (d_p/d_1)

圖 8-7　普通孔凸緣加工的下腳孔與孔凸緣高度 (抽製底部等的孔凸緣拉高)

(2)引縮孔凸緣

　　引縮孔凸緣要由體積計算來求下腳孔徑。圖 8-8 所示為其計算式。

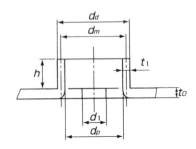

下腳孔徑：$d_1 = \sqrt{\dfrac{d_p^2 \cdot (t_0 + h) - d_d^2 \cdot h}{t_0}}$

高　度：$h = t_0 \cdot \dfrac{(d_p^2 - d_1^2)}{(d_d^2 - d_p^2)}$

使 t_1 比 t_0 薄 30~50％的孔凸緣加工方法。
使用在須要 h 值或須要精度良好的直徑時。

圖 8-8　引縮孔凸緣加工的下腳孔與孔凸緣高度

2. 板厚減少與餘隙

圖 8-9 為計算孔凸緣加工時板厚減少量的公式。在孔凸緣加工時，利用此公式以推算最大的板厚減少量、決定加工餘隙，以判斷應取的材料。孔凸緣加工很少做成餘隙＝板厚的情況，普通孔凸緣是使板厚減少 10~30 ％的程度，引縮孔凸緣則視引縮率以決定餘隙。餘隙取得小時，加工後常會發生製品咬住沖模、拿不出來的情況。最好是餘隙配合的狀態，加強頂出 (脫模) 的彈簧力。

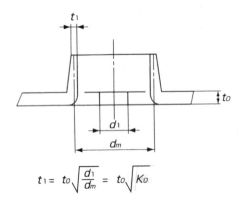

K_0 的值	
軟鋼板	0.6~0.45
黃銅板	0.45
鋁　板	0.29

$t_1 = t_0 \sqrt{\dfrac{d_1}{d_m}} = t_0 \sqrt{K_0}$

圖 8-9　普通孔凸緣加工的下腳孔與孔凸緣高度 (普通孔凸緣時產生的板厚減少)

3. 孔凸緣的加工極限

　　表 8-1 所示為孔凸緣的加工極限。由於下腳孔徑是由表面積或體積求出，所以不論何種狀態也都可以算得出來 (當側壁相對於直徑的數值高時，答案可能出現負值)。這是由於忽視材料的狀態所致。用來檢查計算結果及加工是否可行，就要靠這個表。

表 8-1　孔凸緣的加工極限

	d_p/d_1		
	發生龜裂	發生中間變細	完全成形
深抽製鋼板	4.0 以上	3.9~2.6	2.5 以下
普通鋼板	3.8 以上	3.7~2.5	2.4 以下
黃銅 (軟)	4.0 以上	3.9~2.4	2.3 以下
鋁 (軟)	6.0 以上	5.9~3.5	3.4 以下
鋁 (硬)	3.5 以上	3.4~2.4	2.3 以下

d_1：下腳孔直徑　　d_p：沖頭直徑

連續沖壓模具設計之基礎與應用

Chapter 9

加強肋‧加強溝加工

本 章 目 標

■ 了解加強肋或加強溝的使用法。

■ 了解加強肋或加強溝的特徵。

　　沖壓加工是對薄板材進行加工以製作零件，但薄板材卻有強度不足的先天缺陷。此外，彎曲加工的零件等也可能須要針對彎曲部強度不足或彈回的問題採取對策。尤其是近來傾向朝小形輕量化發展，因而對強化對策產生許多需求。

　　在對策的方法方面，有的是在彎曲部添加成形的形狀，有的則是將平面局部成形，以達到強化的目的。所使用的方法就是藉成形加工做出淺的凹凸，屬於壓印加工範圍的所謂加強溝加工(又稱為圓緣成形加工)、或加強肋加工。

9-1　加強肋加工

　　圖 9-1 所示，是在彎曲部添加加強肋的圖形。此加強肋的目的，是做為彎曲部的強度對策或彈回對策使用。由於經常採用三角形的形狀做為加強肋，故又稱為三角肋。要用形狀表示三角肋時，是頗麻煩的事，故常任由設計者決定其細部內容。設計三角肋的大致標準如圖 9-2 所示。三角肋若做得過大，會因超過材料容許範圍而產生變形或加強肋部位的裂痕(伸長率不足)。過小的話，非但不能做為強度或彈回的對策，反而成為強度降低的原因。

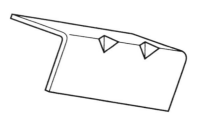

圖 9-1　添加加強肋的彎曲加工

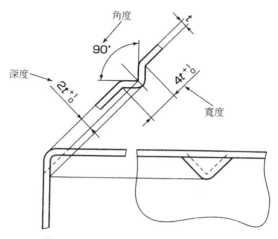

圖 9-2　三角肋形狀設計的大致標準

1. 加強肋加工的模具構造

　　進行加強肋加工的模具構造如圖 9-3 所示。加強肋與彎曲同時進行加工，在依模具做出角度的同時，也使彎曲線產生變形，使彎曲部得以強化及穩定化。圖 9-4 是進一步積極進行彎曲部強化時的加強肋形狀。加強肋的形狀變大時，對彎曲的凸緣面或腹板面的影響也會變大。對於這類的加強肋，必須考慮材料在加工時的流線，以決定加強肋部位的 R 的形狀。可以和彎曲同時加工的大小，取為圖 9-4 的程度即可。

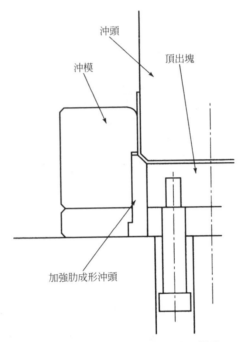

圖 9-3　彎曲加強肋的成形模具構造

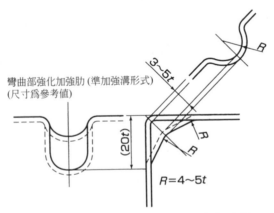

圖 9-4　彎曲部強化加強肋 (準加強溝型式)

2. 視工程狀況進行加強肋的加工

　　當加強肋變大時，須要如圖 9-5 所示、採用 2 道工程加工，在彎曲前先進行加強溝成形，之後再進行彎曲加工。若勉強採用 1 道工程進行加工，加強肋部位會對模具造成很強的磨擦，成為瑕疵或燒著的原因。

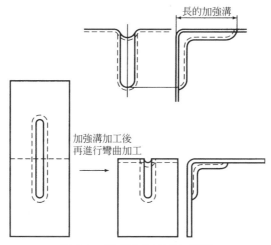

圖 9-5　長圓溝的補強加強肋

3. 加強肋的位置及變形

　　如圖 9-6 所示，決定加強肋的配置時，必須注意對彎曲形狀取成左右平衡的方式。當進行加強肋部位的成形時，其周圍的材料會受拉，若只做單側的加強肋，可能會造成彎曲部的變形。加上大的加強肋之後，彎曲部可能會產生左右偏斜，致使尺寸無法穩定。有時候可能要在反面採取對策，這點須要注意。

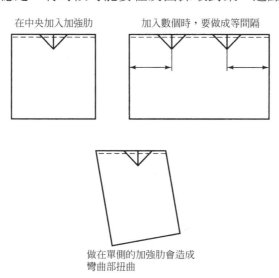

圖 9-6　加強肋的加設位置

9-2 加強溝加工

加強溝是在材料面做出小寬度的凸起，使用目的是使平面得以強化。凸起會造成材料受拉，在材料面內產生應變。若此應變不能得到平衡的話，就會在整個面上形成扭曲或凹瘤(凹凸不平)。因此，加強溝的配置必須如圖 9-7 所示，做成考慮整體平衡的配置。

圖 9-7　加上面補強加強溝的方法

1. 加強溝的形狀

圖 9-8 所示為常用加強溝的斷面形狀。

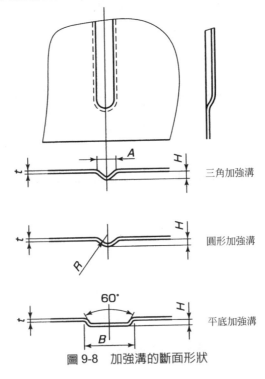

三角加強溝

圓形加強溝

平底加強溝

圖 9-8　加強溝的斷面形狀

(1)三角加強溝

　　此形狀使用在做為輕度對策的場合。決定此形狀的尺寸時，多將 A 取為
　　板厚 3～5 倍的程度，高度 (H)則取至板厚的程度。

(2)圓形加強溝

　　可算是最常使用的形狀，原因應該是由於半圓形的材料凸起具有良好的
　　加工條件所致。圖 9-9 所示，為加強溝形狀的標準尺寸。幾乎所有的加強
　　溝加工都已包含在此，但當加強溝的高度變高時，材料受到強大的拉入
　　作用，材料面內的應變也會變大。在圖 9-9 中的 A、B，表示的是由加強
　　溝邊緣到外形為止的距離，此距離短的話，拉的作用會影響到外形。當
　　要求平面度時，加強溝的高度應取為較低者。

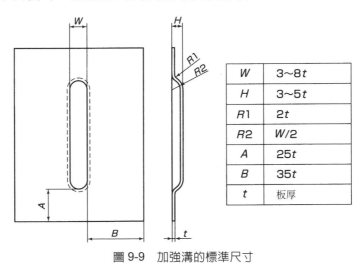

W	3～8t
H	3～5t
R1	2t
R2	W/2
A	25t
B	35t
t	板厚

圖 9-9　加強溝的標準尺寸

(3)平底加強溝

　　此形式是將加強溝的寬度加大。這種加強溝的狀態和壓印之間很難區別。
　　由於加強溝的寬度大，因此容易在面上產生應變。一般使用在加強溝加
　　工的模具構造，採用的是如圖 9-10 所示的構造。沖模側只做出凹的形狀，
　　並不使用反向壓塊。用脫料板將材料牢牢壓住，再將沖頭壓在材料上。
　　通常是使材料順著沖頭的形狀而成形。

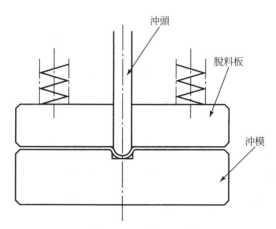

沖頭

脫料板

沖模

圖 9-10　加強溝成形模具的構造

　　但當採用平底加強溝時，這種構造會有不穩定的情況。當平底變大時，材料不會順著沖頭的形狀改變，沖頭下的材料可能會凸起而與沖頭分離，不會均勻伸長，以致變成不穩定的形狀。由於有這種不穩定情況的緣故，製作平底加強溝時，沖模要加上反向壓塊 (頂出塊)，將沖頭下的材料牢牢壓住，只讓斜面部有變形發生。可能的話，最好設法在下死點位置壓住斜面部，以除去應變。

　　加強溝加工是靠成形提高平面的強度，但從另一面來說，也常有讓平面的平坦度對策難以執行的加工出現。最好是能注意到材料的動作以決定各部位的形狀，有時候還要檢討是否應加上對形狀進行壓縮等的做法。

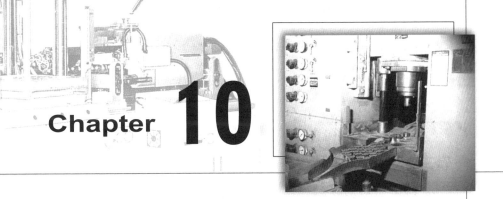

Chapter **10**

壓縮成形加工

本 章 目 標

- 了解壓縮成形加工的種類及特徵。
- 了解壓縮成形加工的用法。

10-1 壓縮加工的種類及特徵

壓縮成形加工是使材料受到壓縮力作用，令體積發生移動以做出形狀的加工方法。圖 10-1 所示為基本的壓縮加工法。

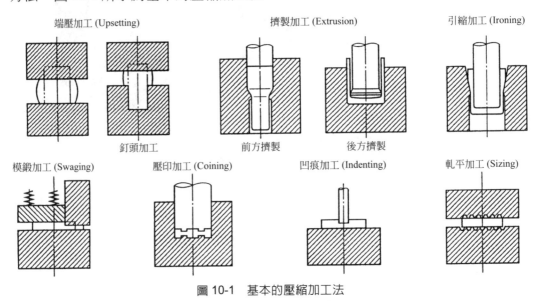

端壓加工 (Upsetting)　　擠製加工 (Extrusion)　　引縮加工 (Ironing)

釘頭加工　　前方擠製　　後方擠製

模鍛加工 (Swaging)　壓印加工 (Coining)　凹痕加工 (Indenting)　軋平加工 (Sizing)

圖 10-1　基本的壓縮加工法

1. 端壓加工

對棒狀材料進行長度方向的壓縮，使整體或局部的斷面加大，以製作出形狀的加工方法。螺栓的頭部等就是用這種方法做出來的。做出像螺栓頭部之類形狀的加工，又特別稱為「釘頭加工」。在沖壓加工中，被使用在採用多滑槽沖床的線材加工。

2. 擠製加工

將材料固定起來，只留下 1 個開放的方向，令材料受到壓力作用，則材料會朝開放的方向擠出去的加工方法。開放部位的斷面形狀就是要做的加工形狀。材料受到快速的加壓速度者，其加工方法稱為「衝擊擠製」。擠製加工分成：沖頭的前進方向與材料移動方向相同的前方擠製，以及材料移動方向變成反向的後方擠製。

加工時的重要因素包括：模具或加工機械的剛性、模具的耐磨耗性、以及潤滑。

3. 引縮加工

物體做成筒的形狀後，將其側壁的厚度做薄，並使其高度增高、厚度均勻化，使用的目的在於做出更美麗的形狀等。在沖壓加工中，多與抽製加工或孔凸緣加工組合使用。此外，也有採用圖 10-2 之類的方式，應用在彎曲方面的例子。在沖壓加工中，常與做出高度、或面的改善為目的的成形加工組合應用。

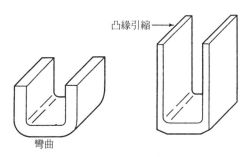

圖 10-2　引縮加工在彎曲方面的應用

4. 壓印加工

成形出硬幣、徽章之類，兩面不同模樣的加工方法。模樣的形狀若是呈平滑變化的凹凸時，可以容易地加工出來，若是呈尖銳的 V 字形狀時，材料就不會順利流動，須要用到高的壓力。也容易造成模具的破損。此外，當 V 字形狀互相連接時，會出現如圖 10-3 之類的現象。

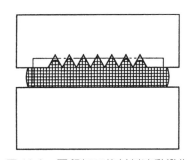

圖 10-3　壓印加工的材料流動變化

5. 凹痕加工

不是對材料的整個表面、而是局部性地以工具 (沖頭) 壓住，製作出凹痕的加

工法。在沖壓加工中偶爾會用到這種加工，但容易變成如圖 10-4(a)所示的形狀。須要對模具構造下工夫，做成圖 10-4(b)的形式。

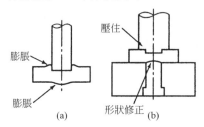

圖 10-4　凹痕加工的防止變形對策

6. 軋平加工

對材料施以少量的壓縮變形，用以除去材料內部應變，做出平坦形狀的加工。工具 (沖頭、沖模) 的形狀方面，有沖頭、沖模都做成平面形狀以壓住材料者 (用於薄板的矯正)，以及將沖頭、沖模做成圖 10-5 所示的形狀來加工的方法 (適用於較厚的板)。圖 10-5 形狀的使用法有圖 10-6 所示的 2 種方式。圖 10-6 (a) 的方法是將各個壓點做成梯形，尺寸的大致標準為：梯形頂部寬度約為材料板厚的 20 ~ 30 %，壓點與壓點的間隔則約取為材料板厚的 1.2 ~ 1.5 倍。

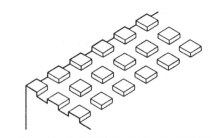

圖 10-5　軋平矯正的沖頭、沖模形狀

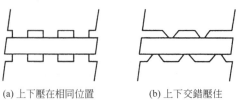

(a) 上下壓在相同位置　　　(b) 上下交錯壓住

圖 10-6　壓點加工的方法

至於圖 10-6(b)的方法時，壓點頂部單邊長度的大致標準為材料板厚的程度。

與圖 10-6(a)相比，其加壓力會變大，但平坦度佳。由於採用上述的工具形狀，所以也將軋平加工稱爲壓點加工等。

7. 模鍛加工

　　亦稱爲延伸加工。是使線材、板材的直徑或厚度受壓變形，用以加大材料長度或寬度的加工。亦包括圖 10-7 所示的局部受壓變形加工。在沖壓加工中，是最常出現的壓縮加工法。長方形材料的受壓變形加工時，其特徵是在長邊方向的伸長量少，寬度窄的邊伸長量大 (圖 10-8)。此外，若是如圖 10-9 所示、有尖角的形狀，受壓變形後還會進一步變成銳角狀的凸起，所以對於受壓變形後不進行修剪的形狀，要將轉角部做成圓角。

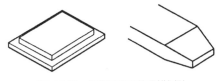

圖 10-7　模鍛加工的形狀例

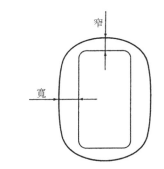

圖 10-8　長方形板受壓變形後擴大的形狀

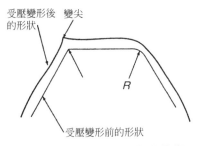

圖 10-9　受壓變形前形狀的影響

　　對於圖 10-10 所示的倒角加工，要在預備孔加工後進行壓面變形，由於此時的孔形狀會有相當大的變形產生，可以在壓面變形後再次進行沖孔做為修飾，或採用圖 10-11 之類的方法、用導塊限制孔的變形。由於倒角上方的平面周圍也會膨脹，所以要採取和凹痕加工相同的方式，將材料上面的周圍亦一併壓住。相對於原來的板厚，究竟可以壓薄變形到何種程度，會因受壓變形的面積或形狀而變化，大致的標準則是到原本板厚大約 30 ％的程度。

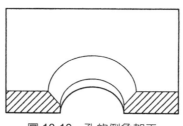

圖 10-10　孔的倒角加工

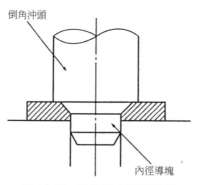

倒角沖頭

內徑導塊

圖 10-11　孔的防止變形對策

　　進行受壓變形加工時，材料與工具間會有非常大的磨擦在作用。須要使工具面盡量保持在研磨面的良好狀態下。此時，除了有進行研磨之外，最好還要使研磨的方向與材料的伸長方向一致。在這種模鍛加工(局部的受壓變形)時，由於受壓變形後的材料具有可逃逸的方向，所以材料容易移動，在多數的場合應該在加工上會比較輕鬆吧。

Chapter **11**

連續模具的構造設計

11-1 原料導塊的設計

本節目標

■ 了解原料導塊的設計要點。

　　圖 11-1 表示的是連續模具的主要構成零件。顯示在此處的零件，其主要項目將是之後解說的對象。首先要說明的是：將材料放入模具內時，入口處的零件 - 原料導塊。

① 沖頭承座	⑥ 脫料背板	⑪ 前導沖頭	⑯ 踢出銷
② 外導引裝置 ⎤	⑦ 脫料板	⑫ 進給失誤檢測	⑰ 舉昇導桿
③ 沖模承座 ⎬ 模座	⑧ 沖模固定板	⑬ 模柄	⑱ 舉昇塊
④ 沖頭背板 ⎦	⑨ 原料導塊	⑭ 螺旋彈簧	⑲ 嵌合件
⑤ 沖頭固定板	⑩ 沖頭	⑮ 脫料板螺栓	⑳ 內導引裝置

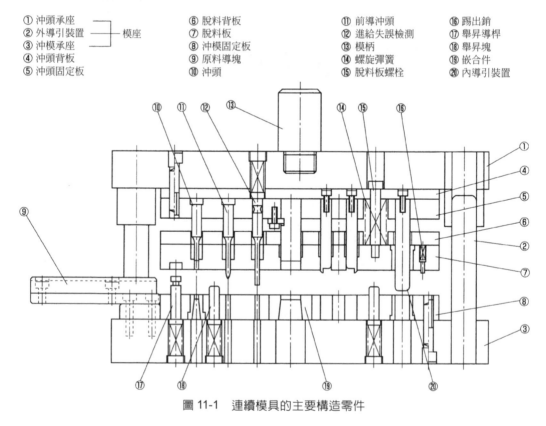

圖 11-1　連續模具的主要構造零件

　　圖 11-2 所示為模具用材料導塊的關係。也有的稱呼法是將整體材料導塊稱為原料導塊。但由於模具內的導塊與模具外的導塊，在做法(設計的方法)上略有不

同，因此這裡將其分為模具內導塊及模具外導塊，並將模具外導塊稱為原料導塊。

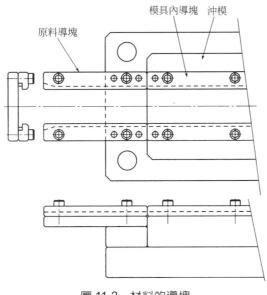

圖 11-2　材料的導塊

1. 原料導塊的任務

　　連續加工時通常使用的是盤捲材。希望的方式會是將材料直直放入模具內、令其通過。但最初的材料插入時，若呈歪斜的狀態，則材料就會以該形狀前進(由於前導件等的關係)，如圖 11-3 所示者。前進的結果造成材料與模具內導塊發生干涉，材料進給變困難、成為加工異常的原因。為了防止這類情況的發生，所使用的就是原料導塊。圖 11-4 所示的 3 種形狀，是經常使用的方式。如圖 11-4 (a) 所示的尺寸：W、L、H，是原料導塊須要注意的項目。W 尺寸表示的是材料寬度，但這個尺寸必須做成比材料的寬度公差還大。順便一提的是，JIS 對材料寬度的規定有：表 11-1 的 SPCC、表 11-2 的非鐵銅系合金材料的容許誤差值。從表中數值可知，公差值相當大。

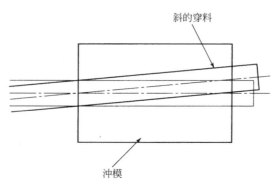

圖 11-3　穿料作業的異常

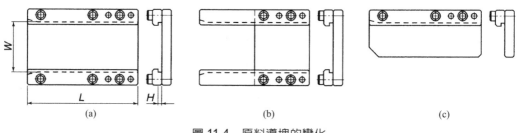

圖 11-4　原料導塊的變化

表 11-1　SPCC 材料的寬度容許誤差 (取自 JIS 鋼鐵材料手冊)

單位 (mm)

公稱厚度範圍　　公稱寬度範圍	160 以下	160 以上 250 以下	250 以上 400 以下	400 以上 630 以下
0.6 以下	±0.15	±0.20	±0.25	±0.30
0.60 以上 1.00 以下	±0.20	±0.25	±0.25	±0.30
1.00 以上 1.60 以下	±0.20	±0.30	±0.30	±0.40
1.60 以上 2.50 以下	±0.25	±0.35	±0.40	±0.50
2.50 以上 4.00 以下	±0.30	±0.40	±0.45	±0.50
4.00 以上 5.00 以下	±0.40	±0.50	±0.55	±0.65

表 11-2　銅及銅合金材料的寬度容許誤差 (取自 JIS 非鐵材料手冊)

單位 (mm)

厚度 ＼ 寬度	90 以下	90 以上 190 以下	190 以上 290 以下	290 以上 590 以下	590 以上 700 以下
0.1 以上 0.5 以下	±0.2	±0.3	±0.4	±0.5	±0.8
0.5 以上 2　以下	±0.3	±0.4	±0.5	±0.6	±0.8
2　以上 3　以下	±0.5	±0.5	±0.6	±0.6	±0.8

備註：僅指定 (＋) 或 (－) 單向的容許誤差時，要取為表中數值的 2 倍。

　　寬度方向放寬的這種做法，是必然要有的，在容許這種放寬做法的情況下，想要減少材料的歪斜，最好是將長度 (L) 加長 (採用在材料沒有橫向彎曲時)。因此，如果能夠知道 L 的最小長度，設計就不會有困難。最小長度應為 L＝W，實際則最好取到 L＝1.5 W 以上。H 尺寸則要比沖壓加工時的材料舉昇量還大。關於圖 11-4 各種形式的使用說明為：(a) 經常使用在 W 尺寸小的時候，(b) 經常使用在 W 尺寸大的時候，(c) 則使用在用單側材料導塊壓住的情況。這些使用區隔的說明內容其實並不嚴謹，所以最好是依處理的狀況考慮使用。

2. 材料的橫向彎曲

　　還有 1 個必須注意的項目，就是圖 11-5 所示的材料橫向彎曲。JIS 規格所訂的橫向彎曲如表 11-3 的 SPCC、表 11-4 的非鐵銅系合金數值所示，由表中可知，材料寬度越窄，其數值越大 (實際上，多與製造商在合約中訂定比此規格小的數值)。材料橫向彎曲造成的行進結果如圖 11-6 所示，與材料歪斜插入時的結果相同。這種材料的橫向彎曲對連續加工是很棘手的問題。橫向彎曲的起因發生於材料的分條機，沒有辦法完全消除，所以必須能在容許若干橫向彎曲的情況下進行加工。對於橫向彎曲採取的做法有 2 種：

　　⑴用原料導塊限制橫向彎曲不超過特定值。

　　⑵縮短模具、原料導塊，以容許材料的橫向彎曲。

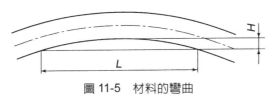

圖 11-5　材料的彎曲

表 11-3 SPCC 材料的橫向彎曲規格 (取自 JIS 鋼鐵材料手冊)

單位 (mm)

公稱寬度範圍 ＼ 鋼板、鋼帶的區別	鋼　　板		鋼　　帶
	長度 2,000 以下	長度 2,000 以上	
30 以上　60 以下	8	任意的長度每 2000 為 8	
60 以上 630 以下	4	任意的長度每 2000 為 4	
630 以上	2	任意的長度每 2000 為 2	

備註：不適用在非正常部位的鋼帶

表 11-4 銅及銅合金材料的最大彎曲*值 (取自 JIS 非鐵材料手冊)

單位 (mm)

寬　　度	最大值 (任意的位置每 1000 時)
6 以上　　9 以下	12
9 以上　 13 以下	10
13 以上　25 以下	7
25 以上　50 以下	5
50 以上 100 以下	4
100 以上 700 以下	3

註[*]彎曲是指相對於規定長度的弧深

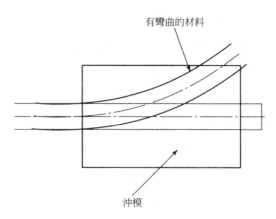

圖 11-6　材料彎曲造成的異常

　　①的方法可以用管制原料導塊長度的方式進行，但仍會發生加工失誤。因為現在仍然沒有好的辦法可以檢出橫向彎曲的狀態，在發生加工異常前就停止沖壓

加工的動作，所以能做的只有對材料進行管制。至於②的方法，則屬於根據連續加工的帶料配置以決定的內容，在短的工程配置時常採用這種方法。

　　在之前說明時，是以長的原料導塊為佳，但若考慮到橫向彎曲，則該長度也有其限制。

3. 防止材料的變動

　　原料導塊中的材料可在寬度方向移動。對於採用單側料橋配置的加工方式，若料橋寬度有變動，可能會造成困擾。此時的對策是用圖 11-7 所示的方法，在單邊由側向壓住。圖 11-7 的形式只是其中的一個例子，做法有很多種。這種由側向壓住的方法，也可用來做為吸收材料輕度橫向彎曲的方法。

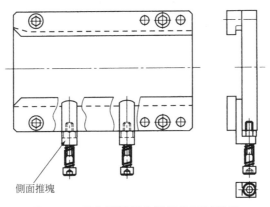

側面推塊

圖 11-7　具有單側壓住機能的原料導塊

　　壓力大的話，材料的移動阻力會變大，可能造成進給失誤或對前導件的材料位置矯正造成妨礙，故須要考慮材料的狀態以決定彈簧的強度。為了減小材料與導塊間的磨擦阻力，也可採用圖 11-8 所示的方式，使用淬火銷 (亦有使用超硬銷或軸承的做法) 做為點狀支撐。

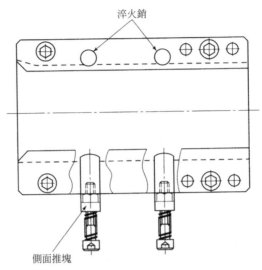

淬火銷

側面推塊

圖 11-8　減少磨耗或磨擦阻力的對策

4. 與模具內導塊一體化

如圖 11-9 所示，也有將模具內導塊與原料導塊一體化的做法。這種形式多採用在比較小的製品加工所用的模具上。做成這種形式的理由是成本方面的考量，以及為了改善原料導塊與模具導塊間的前進性而採用。

原料導塊　　　　　　沖模　　　　　　　　原料導塊　　　　　　沖模

(a)　　　　　　　　　　　　　　(b)

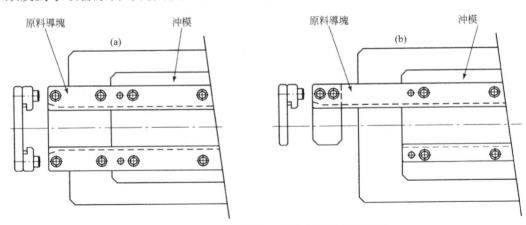

圖 11-9　與模具內導塊一體化之後的原料導塊

對於原料導塊的基本形狀及可能的做法，在此已做了一番說明。只要能掌握其基本機能，再對製作方法下工夫即可。

11-2　模具內材料導塊

本節目標

▪ 了解模具內材料板導塊的特徵。

▪ 了解舉昇塊的用法。

▪ 了解原料導塊舉昇塊的用法。

　　在前一節中，已對進入模具前的材料導塊做一說明。在此則將就模具內的材料導塊加以說明。

　　模具內導塊有：材料寬度方向的導塊及上下方向的導塊 (舉昇塊)。

1. 材料板導塊 (材料寬度方向的導塊)

　　圖 11-10 為模具內使用的材料板導塊 (板導塊) 的標準形式。由圖可知，板導塊是要將材料確實導引住，使材料得以穩定。由於不希望模具內的材料發生挫曲，在想要防止尺寸不均勻等的時候，經常使用這種做法。

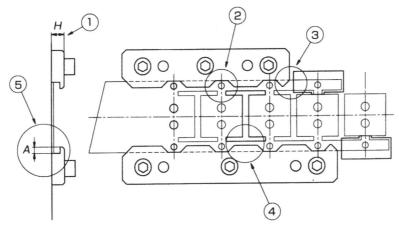

圖 11-10　用板做為材料導塊

　　但也有缺點，就是容易受到材料橫向彎曲 (撓彎) 的影響。

　　設計板導塊時的注意點，為圖 11-10 中 ① ~⑤ 所示的位置。圖 11-11 所示為

板導塊與脫料板的關係。看以下的說明時，請將圖 11-10 與圖 11-11 做一比較。

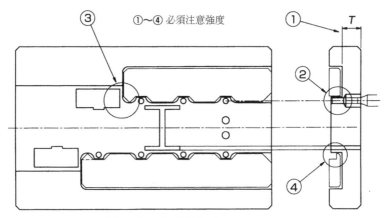

圖 11-11　板導塊與脫料板的關係

①板導塊的厚度

　　厚度決定於材料的舉昇量。太厚的導塊容易導致材料的不穩定，也可能成為降低脫料板強度的主因。這是由於板導塊的厚度是脫料板要切削掉、做成沈頭座的區域。板導塊變厚時，沈頭的量會增多，使脫料板變弱。尤其在以脫料板為基準的模具組裝構造時，必須盡力避免脫料板的剛性降低，所以不可做出大的沈頭量。

②與前導孔等、位於材料外側形狀的關係

　　位於材料外側的加工形狀，多會與板導塊的帽簷部位發生干涉。逃掉的形狀亦常發生與板導塊相衝突的失誤。為了防止這種事故發生，最好能依循圖 11-12 所示的設計規則來製作。此時，用來做沈頭加工的端銑刀，要盡量使用大直徑者。此外，板導塊的逃逸沈頭座可能與脫料板後側的沖頭或前導件逃逸處相重疊，可能形成空孔、或僅留下很少的肉厚，因而使強度減弱。這類的部位會在沖壓加工的加工失誤等時候發生破損，所以在設計時要盡量加大留下的肉厚。

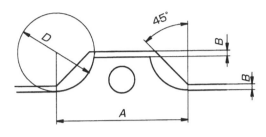

B : 0.5 min
D：端銑刀直徑

圖 11-12　板導塊與脫料板逃逸的關係

③、④特殊形狀沖頭與脫料板殘留肉厚的關係

由圖 11-10、圖 11-11 可知，脫料板的沈頭座會造成殘留的肉厚減少。此亦如前所述，存在著「強度降低→破損」的關係。同時，此部位的材料壓住力也會變小，因而導致製品變形等問題。因此，要盡量加大殘留的肉厚。

⑤舉昇量與導塊的帽簷

導塊的帽簷 (尺寸 A) 做得越長，就越容易破損，若做得太短，則可能如圖 11-13 所示，由於材料的傾斜或薄的材料撓曲等影響，由導塊中脫出，因而造成進給或加工上的失誤。由舉昇量與材料寬度方向裕度間的關係，可以推算出最差的狀態，必須做成即使如此材料也不致從導塊中脫出的方式。

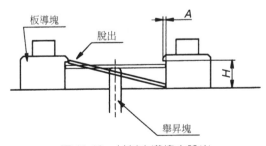

板導塊
脫出
舉昇塊

圖 11-13　材料由導塊中脫出

⑥材料入口的逃角

在板導塊的材料入口或材料行進方向的彎角部位，若材料或加工形狀的

局部被勾住,就會造成進給失誤,所以要做成倒角或 R 角的圓滑面,使
材料可以通過。

⑦板導塊的固定方法 (圖 11-14)

板導塊的固定是藉螺栓及樺銷來達成,樺銷要做成在板導塊為壓入、在
沖模側則鬆配的方式,如此可容易拆出。在小形的板導塊時,用 1 支螺
栓、2 支樺銷來安裝即可。

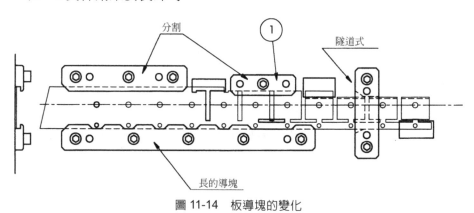

圖 11-14 板導塊的變化

⑧板導塊的厚度及大小 (圖 11-14)

基本上,板導塊須要熱處理,因而在加工時容易發生翹曲。導塊的板厚
最好在 3 mm 以上。基於相同的理由,即使厚度適當,也不希望做得太
長。為了容易加工起見,也須要分割成適當的大小。

⑨板導塊導引寬度的尺寸

在導引盤捲材的寬度時,要參考材料的寬度公差,並考慮材料橫向彎曲
的影響,設定在最大尺寸再稍微加大的數值。

模具內做過切邊之後的導塊,取為寬度+0.05 mm 程度的尺寸即可。但在
使用前導件做為最後的定位時,則要由前導件的矯正量來決定。

⑩隧道式導塊 (圖 11-14)

接近連續加工終站的工程時,有時難以做出單側的導塊。此時,有將局
部做成隧道式導塊的做法。

2. 舉昇塊

　　舉昇塊是為了使材料與沖模密接、或是為了與彎曲或成形形狀間的關係，而將材料舉起用的物件。舉昇塊的形狀有圓形及長方形，基於容易加工等的理由，一般使用的是圓形的舉昇塊，在無法採用圓形的時候，則多使用長方形舉昇塊。圖 11-15 所示，是與舉昇塊的配置及平衡有關的注意事項。

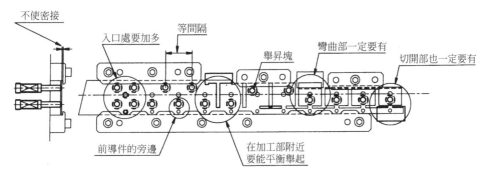

不使密接
入口處要加多
等間隔
舉昇塊
彎曲部一定要有
切開部也一定要有
前導件的旁邊
在加工部附近要能平衡舉起

圖 11-15　舉昇塊的配置與平衡

　　舉昇塊並不是越多越好。在須要的位置會有需要裝設，另外就是在看過整體配置後，為了平衡的理由而加設。圖 11-16 是在舉昇塊設計上與細節有關的注意事項。

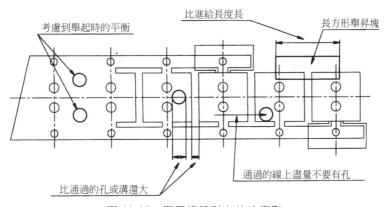

考慮到舉起時的平衡
比進給長度長
長方形舉昇塊
比通過的孔或溝還大
通過的線上盡量不要有孔

圖 11-16　舉昇塊設計上的注意點

(1)平平舉起

　　配置時要使材料可以平平舉起、不會傾斜。

(2)配置均勻

不要做成疏密不均,等間隔配置可使平衡良好。有疏有密時,會造成材料在模具內挫屈,成為進給失誤的原因。

(3)比孔或沖口寬度更大

隨著材料的進給,移動的材料上會有孔或沖口出現,當通過舉昇塊上方時,要注意使舉昇塊比這些的尺寸更大,不致發生掉落或勾住等事故。

(4)在通過的線上沒有孔等

前面所述(3)的狀況,是由於製品形狀的緣故,不得已而產生的狀態,如果對這點加以留意的話,最好設法讓舉昇塊上方不要有孔或沖口通過,配置在沒有任何東西的部位。找出這種路線來配置舉昇塊,也須要有技巧。

(5)長方形舉昇塊

圖 11-16 所示,是在外側配置長方形舉昇塊的例子,但其用法也可以和通常的舉昇塊相同。這是要使用在通過(3)所示的內容狀態時。長方形舉昇塊在進給方向的長度若做成比進給長度還長,成為跨坐在 2 個胚料之下,則可使胚料的保持更穩定。

(6)舉昇塊的角部處理

舉昇塊與材料相接觸的面,要做成有 R 角或倒角,做為防止瑕疵或被勾住的對策。

3. 原料導塊舉昇塊

這是將材料寬度方向導塊及舉昇塊的機能複合化、所做出的模具零件。亦稱為舉昇導塊。基本形狀為圓形,與板導塊相比,其模具的加工內容可以更簡單。但由於圓形能夠適用的場合畢竟有其限制,故亦有做成長方形使用者。圖 11-17 所示為原料導塊舉昇塊的使用例。其注意事項方面與舉昇塊共通的部分很多,列舉如下:

(1)在入口附近要增多

(2)要做在前導件旁邊

(3)要做成等間隔

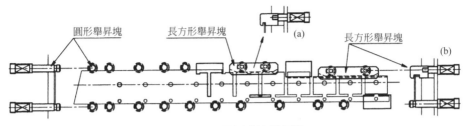

圖 11-17　原料導塊舉昇塊

在長方形舉昇塊時：

⑴要跨坐在胚料下

⑵在入口附近要加上大的導入部等。

將原料導塊舉昇塊及舉昇塊組合起來，用以管制材料的上下移動。

對於原料導塊舉昇塊的導引部位，其尺寸設計的相關要點如圖 11-18 所示。此部分若設計不良，會使材料產生瑕疵、或造成材料脫出。

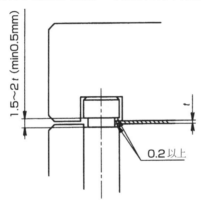

圖 11-18　原料導塊舉昇塊的導引部位

11-3　前導件

本節目標

- 了解前導件的任務。
- 了解前導件的用法。
- 了解前導件決定尺寸的方法。

1. 前導件的任務及用法

在用來做定位的零件中，最須要具備可靠度的就是前導件，前導件的任務是要矯正材料的位置，使沖頭或沖模與材料間的關係得以正確保持。前導件的功用為：

①保持正確的進給節距

②防止材料傾斜插入

③抑制材料的晃動

若增加前導件的數量，想來定位精度可以對應提高。但模具內設前導件的位置也會有誤差存在，當前導件的數目增加時，也可能造成互相干涉而成為事故發生的原因。所以，前導件並不是越多越好。最好是依機能進行配置。

(1)修正進給節距 (參考圖 11-19)

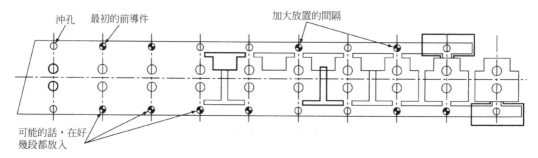

圖 11-19　決定進給節距的前導件用法

為了保持正確的進給節距，在加工好前導孔之後，就必須立刻放入最初的前導件 (不管是為了什麼理由而將最初的前導件設定在數個節距後的位置時，在已沖好孔的數個節距間，其節距數值會大小不均，之後則維持著該狀態)。若做得到的話，應加入 2 到 3 次連續的前導件。基本上，是由這個部分在決定與節距有關的精度維持。之後則拉大間隔設置前導件，在這個部分的考慮點則放在修正材料的鬆弛等所造成的節距變化。

(2)防止材料的傾斜插入 (參考圖 11-20)

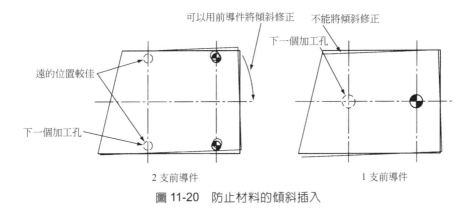

圖 11-20　防止材料的傾斜插入

要想抑制材料的傾斜，最好是在材料寬度上相隔遠的位置裝 2 支前導件。在材料的單側裝 1 支、或在中央裝 1 支的做法都不好 (僅考慮進給節距時則 OK)。對於防止材料傾斜插入的對策而言，以材料最初放入模具內的時點最為重要，但僅靠前導件是不夠的，還要注意與原料導塊間的關係。用在這種對策時的前導件，只裝在加工的初段就可以了。

(3)防止材料晃動的對策

材料晃動的主因有以下 2 點：

①由於原料導塊與材料間的遊隙，造成材料在寬度方向的晃動。

②隨著模具內材料加工的進展，材料變弱以致容易晃動。

對於原料導塊與材料間的遊隙導致的晃動，與抑制材料傾斜的對策有共通之處，所以採相同的內容處理即可。隨著加工進展產生的問題，可以取適當的間隔裝設。間隔以等間隔為佳，若有寬有窄時，寬的部位容易產生材料挫屈的事故。

在單側料橋的帶料配置時，即使抑制料橋的晃動，胚料仍有可能會晃動，所以有必要考慮圖 11-21 所示的前導件用法，這點必須加以注意。

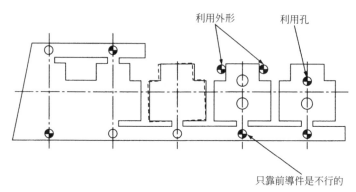

圖 11-21　防止單側料橋的胚料晃動

(4)前導件的形狀不是只有圓形而已

有人以為前導件的形狀都是圓的。其實只要能達成目的，前導件的形狀是不受限制的。如圖 11-22 所示的用法也是有的。

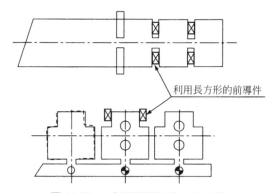

圖 11-22　活用圓形以外的前導件

2. 前導件在模具內的組裝方法

(1)前導件的組裝方法

①固定式前導件

將前導件組裝在模具內的方法有下列 3 種。

(a)組裝在沖頭固定板上 (圖 11-23)

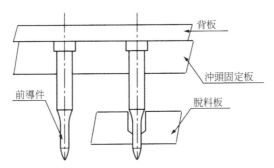

圖 11-23 沖頭固定板固定式的前導件

這種方法可謂基本的做法。由於前導件必須在加工之前就產生作用，所以會變成長的零件。

在細的前導件，或在下彎曲等、沖頭插入沖模的量很深時，必須要注意前導件的用法。

細的前導件時，若沒有用脫料板做為頭端的導引，則本身就有變彎的可能，更別提去矯正材料。

當前導件成為深深插入沖模中的狀態時，材料與前導件間有很長的長度受到磨擦套合，就要考慮到前導孔的變形、前導件的磨耗都會很快發生。前導件也有可能成為使材料吊起來的原因。所以須要經常研磨前導件的外徑、或採取其他方法做為對策。

(b)組裝在活動脫料板上 (圖 11-24)

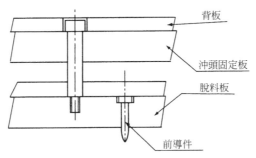

圖 11-24 脫料板固定式的前導件

這種形式時，前導件進入材料的長度是一定的，與沖頭固定

式相比,對於前導件進入沖模的深度較不須留意。其他特點包括:
沖頭固定板上的孔加工可以減少等。

但脫料板的上下運動必須使用內導引裝置 (輔助導引裝置),以限制其
他方向移動的可能。

(c)直接裝在沖頭上 (圖 11-25)

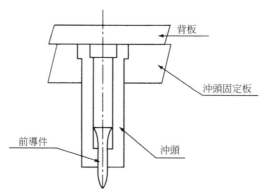

背板

沖頭固定板

前導件

沖頭

圖 11-25　沖頭固定式的前導件

使用在採用直接前導件時的方法 (前述的 2 種方法則不論在直接、間
接前導件時都可使用)。其功用與組裝在活動脫料板上的前導件相同。

②活動式前導件

當沖壓加工中出現加工失誤之後,可能會因前導件而造成材料凸起、
或導致前導件破損,其對策方面,有將前導件做成活動式的方法。如
圖 11-26 所示,將前導件做成用彈簧保持位置的方式。這種做法時,若
沒有注意到彈簧的強度,使前導件在正常加工時也向後縮、不能發揮
作用,就有可能成為加工精度不一致的原因。

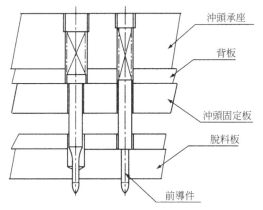

圖 11-26　活動式前導件

3. 前導件與舉昇塊的關係

　　在一般連續加工中，是靠舉昇塊將材料舉起。在這個狀態時，前導件已進入材料當中。通常，當前導件進入孔內時，與孔之間會有磨擦，使材料受到下壓的力量作用。若支撐材料的舉昇塊位置不佳時，產生的壓下力會比位置矯正的力量還強，就會成為加工失誤的原因。使用上必須注意的點有：使舉昇塊接近前導件的旁邊 (圖 11-27(a))、在前導件的下方使用有孔的舉昇塊 (圖 11-27(b)) 等。在薄的材料時，還須要有防止前導件將材料吊起的對策，其做法如圖 11-28 所示。

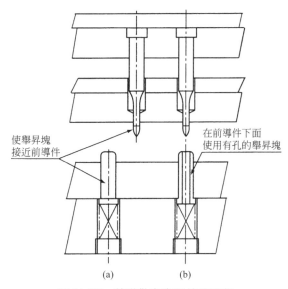

使舉昇塊
接近前導件

在前導件下面
使用有孔的舉昇塊

(a)　　　　(b)

圖 11-27　前導件與舉昇塊的關係

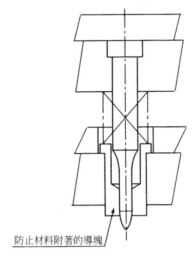

防止材料附著的導塊

圖 11-28 防止材料吊起的對策

4. 決定前導件尺寸的方法

(1)前導件與材料板厚的關係

在不同的材料板厚時，要將前導孔徑取到怎樣的程度才好，並沒有這方面的基準。實際採用的做法是：依材質或材料寬度等的關係來判斷決定。雖然難以用明確的基準加以表示，但可以用表 11-5 所示者做為參考的大致標準。

表 11-5 前導孔徑的大致標準

板　厚	前導孔徑	(料寬)
0.2	1.0~2.0~3.5	10~50
1.0	2.0~6.0~10.0	20~100

(2)前導件的頭端形狀

前導件頭端形狀的目的，是為了使前導件可以順利滑進前導孔內。因此，除了頭端形狀外，還須要有平滑的表面粗糙度。頭端形狀有砲彈形及推拔形 2 種。

圖 11-29 所示的例子，是決定前導件頭端形狀的方法。最近似乎多將前導件視為標準零件而購買使用。有些標準零件的形狀與圖 11-29 所示的內容

並不相同，若僅在一般的使用方式時，並不會有特別的問題。

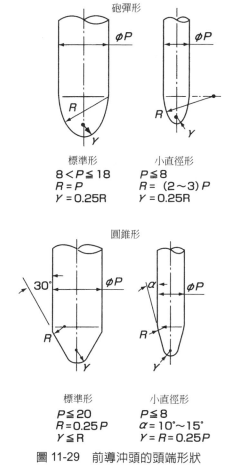

圖 11-29　前導沖頭的頭端形狀

(3)前導件的直徑與孔的關係

　　前導孔與前導件直徑的差值越小，定位的精度就會越高，但孔的變形或材料被吊起等的不順事故也會增多，因此，前導件必須具有相對於孔的適當放鬆量。放鬆的程度依製品的要求而定。圖 11-30 所示，為前導件與前導孔之間放鬆量的參考值。

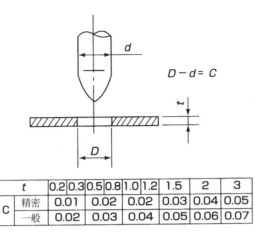

t		0.2	0.3	0.5	0.8	1.0	1.2	1.5	2	3
C	精密	0.01		0.02		0.02		0.03	0.04	0.05
	一般	0.02		0.03		0.04		0.05	0.06	0.07

圖 11-30　前導件與前導孔的間隙

(4)前導件的突出量

前導件頭端的砲彈形狀或推拔形狀終了後，就到了導引前導孔的直桿部。此直桿部伸出於脫料板面或沖頭的量，就是前導件的突出量。這個量太小的話，會導致定位不良。太大的話，在前導件的復位工程時，發生材料吊起事故的可能性就會增高。

前導件的直桿部接觸到的是沖孔加工後的切口剪斷面 (參考圖 11-31)。因此，當材料的板厚變厚時，突出量做得比板厚還小也是常有的事。而當材料板厚較薄時，發生的情況雖然也可謂相同，但由於前導件的突出量難以管制，所以就設定在大於板厚的長度上。設定此數值的大致標準如圖 11-32 所示。

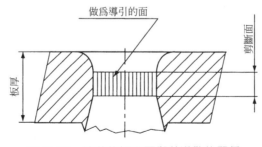

圖 11-31　沖剪的切口面與前導件的關係

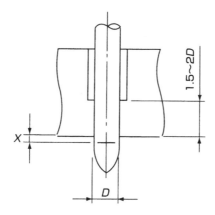

$0.3t < x < 1.5t$　　　t：被加工的材料厚度

圖 11-32　前導件突出量與導引部長度

11-4　沖頭的設計

本節目標

▪ 了解沖頭設計的細節。

1. 不同用途的沖頭形狀圖

　　為了使沖壓加工用的沖頭容易理解起見，先將沖頭假設為四角形，並將沖頭的用法以圖 11-33 所示的類別來表示。其中的變化包括：從 4 面都使用的沖頭、到只有使用 1 面的沖頭。這些形狀的例子取自沖剪及彎曲加工，對於理解應頗有幫助。關於有開放面的沖頭，有的會須要採取側向力的對策等。

　　在設計沖頭時，如果不知道將應用在何種用途，是無法進行設計的，因此，須要從這樣的著眼點開始，再逐步加入沖頭機能的考量。

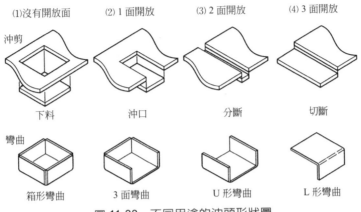

圖 11-33　不同用途的沖頭形狀圖

2. 沖頭的長度

　　基於使用上的理由，沖頭須要具有一定的長度。在加工時，沖頭長度會受到軸向壓力作用，因此就會產生圖 11-34 的形狀。當工具面具有足夠的大小時，必要長度 (L) 的形狀可以和工具面的形狀相同。此稱為直沖頭。若工具面變小的話，可以承受軸向壓力的長度就會變短，須要將安裝部加大，以確保必要的長度 (L)。此即成為所謂階梯式沖頭的形狀。多長的沖頭能夠承受所受的軸向壓力，其通常使用的計算式如圖 11-35 所示。這裡的計算式是將軸向負荷視為靜壓負荷處理，因此，應用在有衝擊作用的沖壓加工沖頭時，必須要考慮安全係數。圖 11-35 的例子是將安全係數定為 3，實際最好視加工內容將安全係數再予加大(安全係數：以 3 為最小值)。

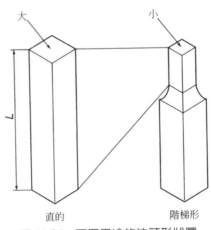

圖 11-34　不同用途的沖頭形狀圖

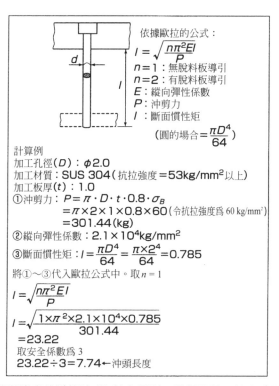

依據歐拉的公式：

$$l = \sqrt{\dfrac{n\pi^2 E I}{P}}$$

$n = 1$：無脫料板導引
$n = 2$：有脫料板導引
E：縱向彈性係數
P：沖剪力
I：斷面慣性矩

（圓的場合 $= \dfrac{\pi D^4}{64}$）

計算例
加工孔徑（D）：$\phi 2.0$
加工材質：SUS 304（抗拉強度＝53kg/mm² 以上）
加工板厚（t）：1.0
① 沖剪力：$P = \pi \cdot D \cdot t \cdot 0.8 \cdot \sigma_B$
　　　　　$= \pi \times 2 \times 1 \times 0.8 \times 60$（令抗拉強度為 60 kg/mm²）
　　　　　$= 301.44$（kg）
② 縱向彈性係數：2.1×10^4kg/mm²
③ 斷面慣性矩：$I = \dfrac{\pi D^4}{64} = \dfrac{\pi \times 2^4}{64} = 0.785$
將①～③代入歐拉公式中。取 $n = 1$

$$l = \sqrt{\dfrac{n\pi^2 E I}{P}}$$

$$l = \sqrt{\dfrac{1 \times \pi^2 \times 2.1 \times 10^4 \times 0.785}{301.44}}$$

　$= 23.22$
取安全係數為 3
$23.22 \div 3 = 7.74 \leftarrow$ 沖頭長度

圖 11-35　沖頭挫屈強度的計算法（取材自日刊工業新聞社：基本沖壓模具實習教材）

3. 沖頭的大小與固定法的變化

　　沖頭的固定方法亦會因沖頭工具面的大小而改變。其概要如圖 11-36 所示。大的沖頭時，在工具面中加上固定螺絲或樺銷的孔就可以確保其位置。因此，沖頭可以直接固定在沖頭承座上。有時，連安裝在沖床用的模柄也可直接安裝在沖頭上。

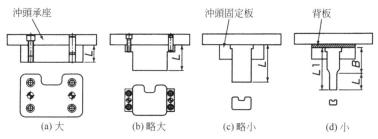

圖 11-36　沖頭固定法因大小不同的變化

　　略大的沖頭時，可以在沖頭加上凸緣，做出固定沖頭用的部位，就可以採用

和大形沖頭相同的方式處理。使用這種做法時,可省掉沖頭固定板,模具成本因而降低。

當沖頭變小時,要對沖頭單體做固定會有困難,因此,有必要採用沖頭固定板。沖頭固定板通常可以在 1 片板子上裝多只沖頭,但對個別的沖頭而言,也可以把這種做法看成用別的零件做出沖頭的凸緣,成為和有凸緣的大形沖頭一樣的固定方法。

將沖頭裝在沖頭固定板上的目的,是要保持沖頭與沖模間的相關位置,以及防止沖頭掉脫。大形沖頭是用螺栓與沖頭承座鎖在一起,自然就能防止沖頭掉脫,但在小形沖頭時,有時會難以處理,須要下各種工夫。其主要的方法如圖11-37 所示,以下則依圖 11-37 的編號加以說明。

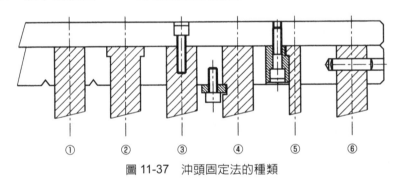

圖 11-37　沖頭固定法的種類

①藉鑿擠的變形來固定

　難以確保垂直。維護也不方便。應盡量避免使用。

②藉凸緣固定

　多使用在圓形零件等。被視為最正統的防掉脫方式。應用在有角的塊狀零件時,有時只在局部做出凸緣。

　在圓形零件等,時常會出現的事故為圖 11-38 所示者。當考慮到防止破損,而在凸緣部加上R角時,若未在放置該沖頭的沈頭孔取對應的倒角,則 R 部與孔的角部有干涉,會在該處產生間隙。進行沖壓加工時,由於沖頭受到的拉力作用,造成孔的角部破損,使得沖頭上下移動,成為導致沖頭凸緣部疲勞破壞的原因。故沖頭孔的沈頭面與孔之間的夾角要取

倒角，使 R 部與角部不會發生干涉。也有的干涉對策是採用將沖頭 R 部
做成溝狀的方法，但在強度方面並不是好的做法，應該予以避免。

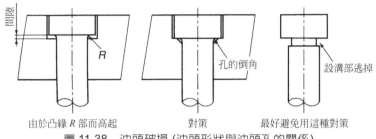

圖 11-38　沖頭破損 (沖頭形狀與沖頭孔的關係)

③藉螺栓固定

　　在直沖頭時，常採用這種方式。隨著線切割放電加工機的使用，這種方
式的應用也隨之增加。有螺栓孔的面與螺栓孔之間的垂直度若不佳，會
使沖頭的垂直度變差。此外，也容易產生螺栓變歪(破損原因) 等的問題，
必須要對這個部分加以留意。使用的螺栓要在 M4 以上。

④、⑤藉定位鍵固定

　　使用在由超硬 (碳化鎢) 材料或淬火材料製作的沖頭時、或小的沖頭時。
配合沖頭的大小，亦有使用多只鍵的情況。螺栓的用法與藉螺栓固定時
相同。

⑥藉銷固定

　　由沖頭的側面開孔，將銷穿過該孔以固定的方法。銷與孔之間容易產生
縫隙，有時會因為這個原因造成沖頭的破損。

4. 側向力對策

　　在圖 11-33 中，1 面及 3 面為開放的沖頭須要有側向力的對策。在 2 面為開放
的沖頭時，是否須要則依條件而定。當受到側向力作用時，沖頭會被推走，因而
使間隙加大，成為毛邊或彈回增加的原因。有時也是造成沖頭破損的原因。其對
策如圖 11-39 所示，有的方法是在沖頭加上支撐後跟，有的則是在沖模側加上支
撐塊。不論何者，支撐系統都必須在加工開始前完成。此外，還要注意後跟的高
度及寬度，使其具有足夠的強度、不致破損。

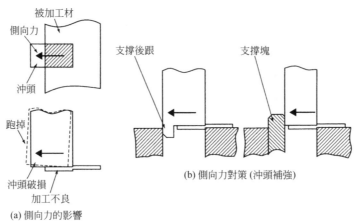

圖 11-39　沖頭的側向力對策

5. 藉後跟做為沖頭導引

　　後跟常常只被當做側向力對策來看待，但由於它在加工之前即已進入沖模內，若可以用這個部分做為沖頭的導引，就可以直接確保沖頭與沖模間的關係，可以說沒有比這個更好的精度對策了。由這個想法出發，來考慮如何確保沖頭與沖模間的關係，結果就如圖 11-40 所示。

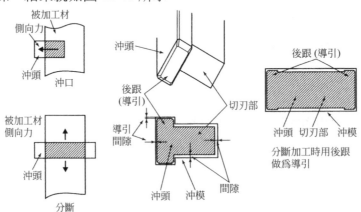

圖 11-40　沖口加工時用後跟做為導引

6. 沖頭強度對策及沖頭導引

　　沖頭是垂直裝在沖頭固定板上，以確保其相關位置 (沖孔、連續加工等)的物件。但在小直徑的沖頭時，由於前端受到加工力作用，會產生晃動而使沖頭壽命變短，因此要採用活動脫料板做為沖頭前端的導引，用這種對策防止晃動、確保

沖頭的位置。具備這種考慮點的模具，稱爲沖頭導引式的模具。爲了進行沖頭導引，沖頭前端須要有足夠的長度，但在工具面小的沖頭時，由於軸向壓力的關係，沖頭無法加長。因此，就會出現不能做出沖頭導引的問題。圖 11-41 所示，爲沖頭形狀與脫料板導引的形式。當沖頭直徑細時，L 會變短，難以做出脫料板導引。在同圖的 (d) 時，由於 L 短而做不出沖頭導引，要設計成用沖頭第 2 段肩部做爲導引的方式。第 2 段肩部的直徑大者，具有足夠的強度，但脫料時可能會使孔的周圍捲起，造成不良狀態，因此最好將單側的階梯差值取在板厚以下。

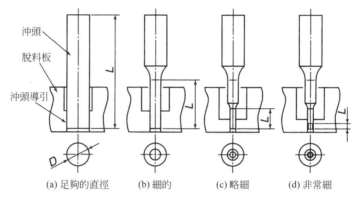

(a) 足夠的直徑　　(b) 細的　　(c) 略細　　(d) 非常細

圖 11-41　沖頭強度對策及沖頭導引

角形沖頭也可以考慮採用相同的導引方式，但亦可設計成圖 11-42 (b) 所示的沖頭。沖頭加工雖然比較麻煩，但這種局部增加材料的做法，既可提高沖頭的斷面係數，又可使沖頭導引容易進行。

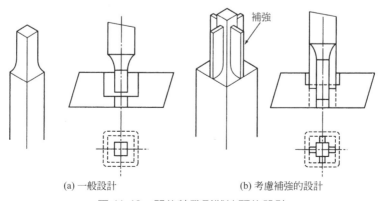

(a) 一般設計　　　　　(b) 考慮補強的設計

圖 11-42　弱的特殊形狀沖頭的設計

11-5 沖模的設計

本節目標

▪ 了解沖模設計的細節。

1. 沖模的形狀圖

沖模的形狀和沖頭相比,有些部分較難掌握。為了使沖模容易理解、使沖模設計容易進行,故對該部分加以整理,期能有所助益。圖 11-43 所示的圖形,為沖模各部位所擔負的任務。

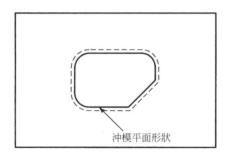

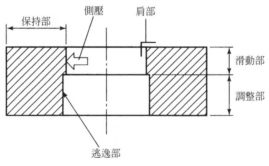

圖 11-43 沖模各部位的任務

肩部是沖模最重要的部位。要在這個肩部將材料剪斷、或執行成形時的彎曲變形。在成形時,是由沖模平面形狀的外形開始,產生單純的彎曲或其他的成形變化。

滑動部亦稱為平行部、或軸承部。經過肩部變形完成的形狀,要使之穩定,

故藉此部位提供保持時間。材料經過彎曲等的變形後，若未經少許時間的壓住，其形狀不會穩定。只有在滑動部的長度部位，材料才有被沖頭及沖模夾住，達到保持其形狀的目的。

　　在沖剪沖模時，滑動部是要再研磨的部位。經由沖剪加工而分離出的材料，希望能使之儘快通過沖模，掉到模具外。因此，以短的滑動部 (沖剪時稱爲切口部) 爲較佳。但是，由於模具中以沖剪部的壽命爲最短，肩部要頻繁地進行再生 (再研磨) 處理，若未預留某種程度的再研磨部分，立刻就會到達零件的使用壽命。

　　調整部雖然未受到影響，但在要調整沖模的剛性、或要在沖模中組入頂出塊之類的零件時，與該零件間的關係就要靠這個部位調整。例如：在沖剪沖模時，只要在肩部極小的區域做出必要的硬度，加工時就不會有問題，其他的部位只要在受到加工力作用時，可以支撐沖模、使其不變形即可。亦即，可將其視爲調整用的部位。諸如此類，除了提供沖模要具備的機能，還要擔任輔助任務角色的部位，以及在製作沖模時，爲了使其具有足夠的厚度，不致在機械加工時翹曲，或是在進行加工時，方便用夾具固定而做出足夠的厚度者，由於這類來自模具零件設計上的理由，亦會使這個部位有所變化。

　　保持部的部位則是要確保承受側壓用的厚度，或是爲了要確保固定沖模用的空間而設。

2. 沖模形狀在不同用途時的差異

　　圖 11-44 所示，爲沖模形狀在不同用途時的差異。在沖剪加工用的沖模時：

a 部：做爲切刃，形狀做成稜角狀。

b 部：再研磨的部位。

c 部：稱爲逃逸角，用來使剪斷分離出的材料得以通過的部位。

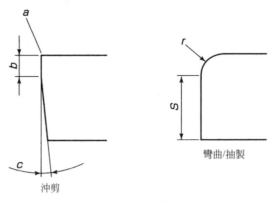

圖 11-44　沖模用途導致的差異

　　b部、c部的製作不良時，會在這個部位發生材料卡住、所謂「卡廢料」的情況。或是會在通過這個部位後，材料上殘留大量的彎曲變形(通常會有少量的彎曲)。

　　在彎曲或抽製加工時：

　　r 部：為材料的滑入半徑。

　　s 部：為滑動部 (軸承部)。這個部位應具有加工所須要的長度，但並不須要加長到調整部位的部分。做得太長時，會成為瑕疵等事故的主因。對於相當於調整部位的部分，最好和沖剪沖模一樣做出逃逸處。

　　在圖 11-45 示有沖剪用沖模的斷面形狀。

由刃尖開始的逃逸	用 2 段角度逃逸	有平行部的逃逸	有平行部的階梯狀逃逸
	s	s	s
a	a　　b	b	x
板厚不到 0.55 a：6′～12′ 板厚0.55以上 a：10′～20′	板厚0,5～3.0 s：2.0～8.0 a：6′～10′ b：1°～2°	板厚0,5～3.0 s：2.0～8.0 b：1°～2°	板厚0,5～3.0 s：2.0～8.0 x：0.2～1.0

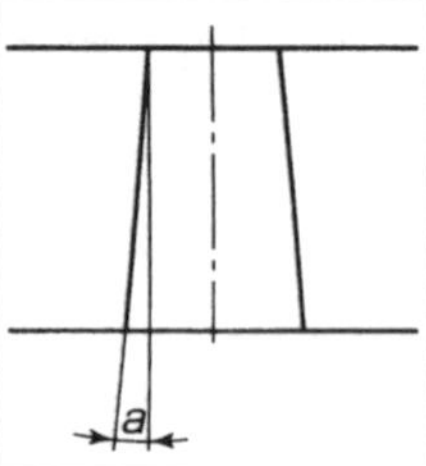

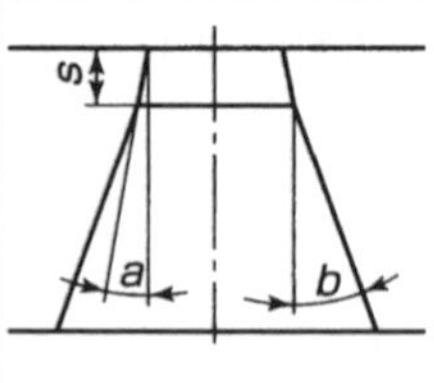

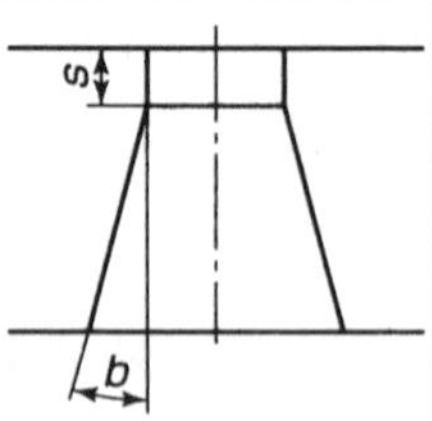

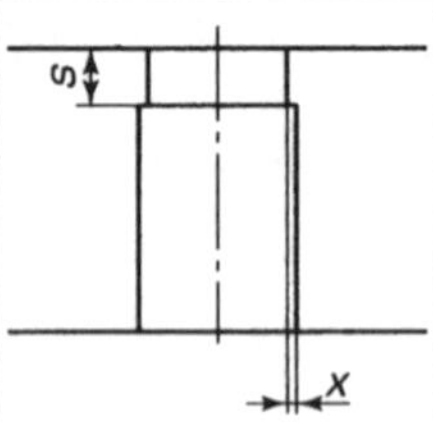

圖 11-45　沖剪沖模的形狀

⑴由刃尖開始做出逃逸：用線切割放電加工製作沖模時，經常採用這種形狀。

⑵用 2 段角度逃逸：可稱爲理想的沖模形狀。由於製作費工，多採用在加工薄板材料、精密沖壓零件的模具上。

⑶有平行部的逃逸：可稱爲標準的沖模形狀。多使用在板厚 1mm 前後的一般產品。改採「由刃尖開始做出逃逸」的方法者，最近可能變得較多 (加工容易之故)。

⑷有平行部的階梯狀逃逸：這種形式主要採用在孔加工用的沖模。

沖模的斷面形狀要由沖模的加工方法(線切割放電加工、研磨加工等) 及製品的精度、生產量等以判斷決定。

3. 沖模的製作法

圖 11-46 所示，爲模具零件中的沖模製作法。沖模的機能部位分爲一體式製作及分割式製作 2 種方法。

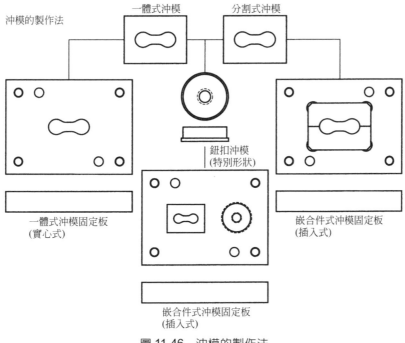

圖 11-46　沖模的製作法

　　一體式的沖模是在大的板子中直接進行加工，又可分為一體式沖模固定板(實心式沖模)及僅製作機能部分的方法。這種形式中，還有一種特別形式的鈕扣沖模。若僅將機能部分做成沖模時，則藉嵌入板內以保持其位置。這種形式稱為嵌合件式沖模固定板(插入式沖模)。

　　製作成分割式者，則是著眼於沖模的形狀精度，使用在想要以研磨加工進行形狀加工的時候。雖然可藉分割以提高形狀精度，但承受側壓的能力弱，在分割位置會有開口的問題。分割沖模通常以嵌合件式沖模固定板的形式使用者為最多。

　　圖 11-47 所示，為沖模分割方式隨時代的變化。上段為以前認為不好的分割方式。a～c 由於在分割位置會有移位造成的階梯差，故而不好。d 則是會產生弱的部位，故而不好(這點在現在的看法也相同)。

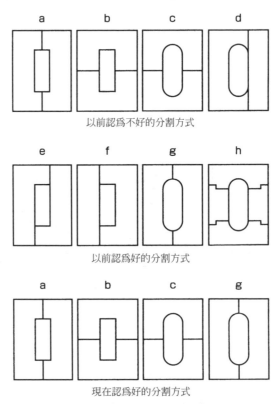

圖 11-47　沖模分割方式隨時代的變化

　　但是，最近由於轉角部位毛邊對策的緣故，希望將轉角部做成光滑狀態，故而對下段所示的分割方式產生興趣。b、c 的分割方式在溝較深時則不採用。

　　中段的分割方式是以前認為好的形式。e、f的轉角形狀會有局部差異，因此最近不太使用。h 的方法是大形形狀的分割方法，現在仍被採用，但分割位置多半不做在 R 的終點，而是做在直線部位。

　　此處所說明的分割方式是沖模用的分割方式。若是以分割構造製作脫料板或沖頭固定板時，分割方式的考慮點並不相同，須要加以注意。

4. 沖模的固定方法

　　做出分割沖模的零件後，要如何整合成為沖模使用，其主流方式即是前面說明過的嵌合件式沖模固定板 (插入式沖模)，但亦有採用圖 11-48 所示的方法者。插入式沖模有連續模具及沖孔模具的方式，圖 11-48 所示者是單工程模具經常採用的分割沖模固定方法。但只要下工夫處理，也可能採用在連續模具等的場合，因此，最好不要將其認定為僅能在單工程模具使用。

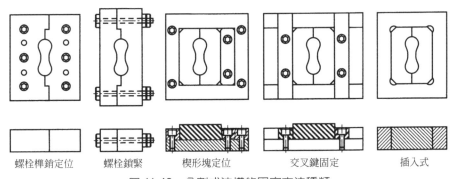

圖 11-48　分割式沖模的固定方法種類

　　例如：交叉鍵固定的方法有一別名叫做軶叉式構造。用來放入分割沖模的底板，是在板子上鏨出匚字形的溝，這塊板子稱為軶叉。在溝內組入構成連續模具的分割塊，用交叉鍵鎖緊，以這種方法做出沖模固定板。

　　每一種方法都有對策處理分割沖模的位置移位及分割部的側向力所造成的開口。

　　採用螺栓‧樺銷定位的方法時，樺銷雖然可以做為定位之用，但承受側向力

的能力弱，當有大的側向力發生時，就不適用。

　　不論一體式或分割式沖模，都稱呼用來嵌入板子的零件為嵌合件(插入零件)。嵌合件若僅只是插入板子的孔內，會有掉脫出來的危險，因此須要採取以防掉脫為主體的固定方法。其主要形式如圖 11-49 所示。

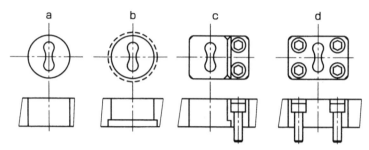

圖 11-49　嵌合件沖模的固定方法

　　a(壓入式)：採用輕度壓入。若將數只嵌合件以重度壓入的方式壓入時，板子會產生翹曲。當沖壓加工時，若模具溫度上昇，會因熱膨脹而使嵌合件變鬆，可能因此而掉脫，須要加以注意。

　　b(帽簷定位)：是最普通的形式。對此形式的負面看法包括：可能會因嵌合件的形狀而須要較多的加工時數，當進行嵌合件的維護時，分解‧組裝的過程會較麻煩，對沖剪沖模進行再研磨之後的高程調整工作亦很煩瑣。

　　c(鍵定位)：鍵的形狀雖會有不同的變化，但對於嵌合件的固定方法而言卻是好的方法。其缺點則是：嵌合件的孔要加大以容納鍵的體積。設計時若未考慮鍵的方向，會使連續模具的板子變大。

　　d(直接以螺絲定位)：為確實的固定方法。也有在嵌合件上攻牙的形式。

　　對於嵌合件的固定方法，要注意的是：在一片板子上放入數只嵌合件時，要將固定方法加以統一，使分解‧組裝的過程容易進行。

　　在 1 個插入孔中所放的嵌合件最多以 4 個為佳。當嵌合件的數量增多時，容易有累積誤差或在分割位置造成開口。

　　防止鈕扣沖模轉動的方法如圖 11-50 所示。當在外形為圓形的鈕扣沖模上加工特殊形狀的孔時，會使該沖模具有方向性，就須要防止轉動的發生。圖 11-50

雖示出各種方法，但困難點在於防止轉動的精度不穩定。可以用線切割放電加工進行孔加工的 a 或 b，可能是採用較多的形狀。

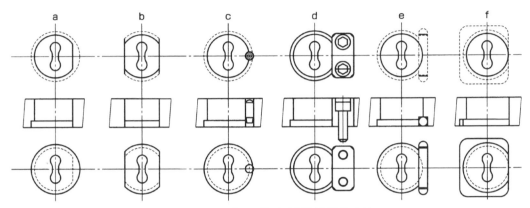

圖 11-50　防止圓形鈕扣沖模轉動的方法

11-6　脫料板的設計

本節目標

▣　了解脫料板的種類。

▣　了解固定脫料板的細節。

▣　了解下模活動脫料板的細節。

1. 脫料板的任務

脫料板的使用目的是將附在沖頭側的材料由沖頭上扒下來 (脫模)。

脫料板的使用方式大致可分為圖 11-51 所示的 3 種型式。

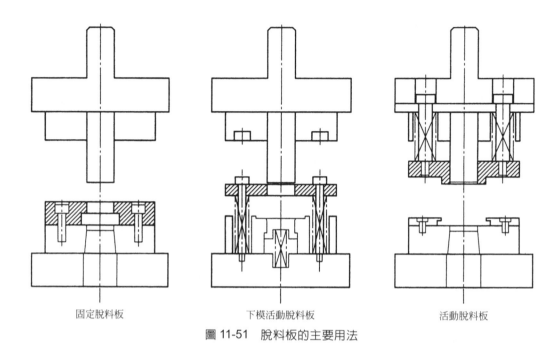

固定脫料板   下模活動脫料板   活動脫料板

圖 11-51 脫料板的主要用法

固定脫料板是兼具材料導引及脫料板的構造。

下模活動脫料板的構造則在確保下模的工作空間之外，還具有脫模的機能。

活動脫料板的構造兼具材料壓塊及脫模的功能，使用在要使加工出來的製品具有平坦度的時候。

2. 固定脫料板

固定脫料板的形式如圖 11-52 所示。圖 11-52(a)可稱為基本形。模具上有材料導塊，將材料放入其中進行加工。由於脫料板位於材料與沖頭之間，將脫料板裝在導塊上，可以確保脫模的位置。此時，導引部通常要做成比脫料板長，使材料容易放入。加長的導引部有做逃逸處理時，可使材料容易放進去。由於圖 11-52(a)的例子是沖毛胚的形式，材料要穿過脫料板由另一側掉出來。在一開始放材料的時候，若輕輕靠住裡面的導塊放置的話，由於面前這側有做逃逸，放材料時不會被勾住。必須要思考模具是如何使用，在設計時設法加以處理。若是小型的模具時，經常會將導塊與脫料板一體化，做成圖 11-52(b)的樣式。這種形式由於未考慮導塊的使用狀況，所以不方便使用。此外，由於脫料板蓋住材料的上面，看不到

模具內部，會使沖床操作員產生不安的感覺。有相當多的沖床操作員並不想使用固定脫料板，其理由包括：看不到裡面、材料不容易放入等。這種固定脫料板的模具構造簡單，製造也容易。若做成圖 11-52(c)所示的形狀，將不須要的部位逃掉，可以使工作容易進行。

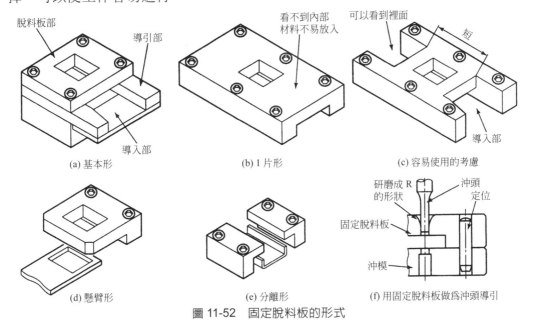

圖 11-52　固定脫料板的形式

　　固定脫料板也有採用圖 11-52(d)所示的懸臂式者。這種形式常使用在由寬幅的材料 (或是材料寬度不定的時候) 沖出毛胚、或是在長片材料的端部進行孔加工的時候。除了沖剪加工外，彎曲加工也常採用這種方式，這種場合多應用在如圖 11-52(e)所示的 U 形彎曲者 (L 形彎曲因製品會咬在沖頭上而少用)。這類場合時，兩側可有很好的平衡力量進行脫模。若僅做單側時，脫模時可能會成為彎曲角度變形 (打開) 的原因。

　　連續加工時，除了全面使用固定脫料板 (多為沖孔、沖外形的連續加工，或抽製連續加工) 的情況外，亦有僅在模具內局部使用者。在包括向上彎曲等在內的連續加工中，用來壓住材料的活動脫料板在脫料板面有許多要逃逸的地方，使脫料板的加工變得很麻煩。此外，材料在加工時會上下變動，須要有對應的措施，若將須要將材料壓住的部分與僅須要具備脫模機能的部分區分開來，採取不

同的做法，可以使模具的構造簡化。連接器用的模具即可做為這方面的例子。

3. 用固定脫料板做為沖頭導引

　　固定脫料板一般僅做脫模使用，很少當做沖頭導引，由於脫料板的孔比沖頭單邊約大 0.2～0.5 左右，當須要做為沖頭導引用時，要做成圖 11-52 (f) 所示的方式。製作脫料板的形狀時，是以藉沖頭固定板保持沖頭的位置及垂直為前提。當沖頭進入脫料板內時，為了不傷到沖頭的切刃，要將導入部做成 R 的形狀，表面也要仔細研磨成平滑的狀態。有時也常將這個部分設計成嵌合件的方式。

4. 固定脫料板與被加工材料間的關係

　　圖 11-53 所示，為材料與固定脫料板隧道部位的尺寸關係。此圖的形狀是用在沖毛胚或連續加工等、使用盤捲材時的情況。盤捲材由於分條機的緣故，材料會有橫向彎曲 (撓彎)。設計模具時若忽略這點的話，材料可能會在隧道內卡死而動彈不得。因此，要考慮在尺寸上留裕度。當材料移動方向的模具長度比材料寬度還短、或使用由定尺材分切出的材料 (短片材料) 時，要考慮材料寬度的公差以決定隧道部位的材料導引寬度 (尺寸 W)。

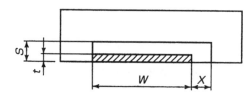

W	X	S
～10	0.5	
10～30	0.8	
30～60	1.0	舉昇量 + t + 3
60～100	1.2	
100～200	1.5	

圖 11-53　固定脫料板與被加工材料間的關係

　　S尺寸也同樣受到材料板厚方向的起伏 (盤捲材的捲曲傾向) 影響，要將尺寸設定在不會使材料進給卡住的程度。這種場合時，材料在進給方向的脫料板長度也有關聯。

5. 下模活動脫料板

　　下模活動脫料板亦被稱爲半固定脫料板。這種脫料板如圖 11-54 (a) 所示，沖頭穿過脫料板進行製品的加工，在沖頭的復位工程進行脫模。其內容與固定脫料板相同。

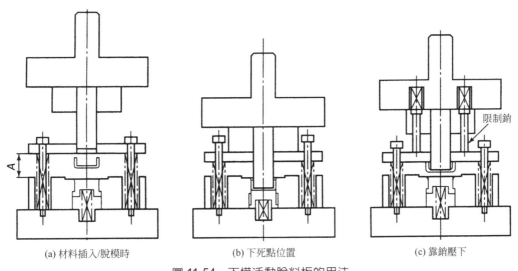

(a) 材料插入/脫模時　　　　(b) 下死點位置　　　　(c) 靠銷壓下

圖 11-54　下模活動脫料板的用法

　　這種脫料板的著眼點爲圖 11-54(a)所示的尺寸 A。在單站加工時，想要採用的是構造簡單的固定脫料板式模具 (快速、便宜之故)。但是，使用固定脫料板時的尺寸 A 很小 (加大的話，沖頭也須要加長)，材料不易放入模具內。爲了消除這種缺點，用彈簧將脫料板舉起，做出更大的空間，使材料容易插入模具內，所得到的就是這種脫料板結構。

　　模具到達下死點的圖爲圖 11-54(b)。脫料板與沖模間留有很大的空間，爲了使之消除，辦法是利用與上模間的關係，藉沖頭固定板將脫料板壓下，這種做法使沖頭長度就算短也不成問題。這種使用方法可算是下模活動脫料板的基礎。這種

用法給人的印象被侷限於對應少量生產的簡易模具，在量產模具則不太採用，但這種脫料板的機構仍有出線的機會，仍應予以理解。

還有 1 種用法則是圖 11-54(c)的形式。這種是做成用限制銷將脫料板壓下的構造。在抽製連續模具，是經常採用的構造。在抽製連續加工時，抽製沖頭先進入要開始進行加工的製品中，使製品的傾斜得有若干程度的修正，等到壓在沖模上開始進行抽製時，就可以在良好的狀態下進行加工。要使這種形式能夠順利做出來，就要使用到下模活動脫料板結構。在圖 11-54(c)中，用來保持限制銷位置的彈簧要做得比保持脫料板的彈簧更強。圖(c)的狀態是上模下降、抽製沖頭已進入製品中的時點，這個時候的限制銷已抵在脫料板上。之後的上模下降動作對脫料板下的製品就不會施加無理的外力，可維持良好的平衡狀態下降到接觸沖模，再開始進行加工。這類的抽製加工適用在沒有凸緣、抽製高度相對於抽製直徑較高的製品。

在此所示的 2 種脫料板，都是組裝在下模 (沖模側) 的構造，固定脫料板也是周知用於沖毛胚模具的代表性構造。下模活動脫料板予人的強烈印象則是採用在簡易模具的脫料板。但是，不同的用法可以製造出不同的印象效果。活動脫料板雖然予人高級感，但亦有其缺點。靈活運用各種構造的特徵，應用在各自適合的領域，就可以產生最好的結果。

歡迎加入 全華會員

● 會員獨享

會員專屬購書折扣、紅利積點、生日禮金、不定期優惠活動…等。

● 如何加入會員

填妥讀者回函卡直接傳真 (02) 2262-0900 或寄回，將由專人協助登入會員資料，待收到 E-MAIL 通知後即可成為會員。

如何購買 全華書籍

1. 網路購書

全華網路書店「http://www.opentech.com.tw」，加入會員購書更便利，並享有紅利積點回饋等各式優惠。

2. 全華門市、全省書局

歡迎至全華門市（新北市土城區忠義路21號）或全省各大書局、連鎖書店選購。

3. 來電訂購

(1) 訂購專線：(02) 2262-5666 轉 321-324
(2) 傳真專線：(02) 6637-3696
(3) 郵局劃撥（帳號：0100836-1　戶名：全華圖書股份有限公司）
※ 購書未滿一千元者，酌收運費 70 元。

OpenTech 全華網路書店

全華網路書店 www.opentech.com.tw
E-mail: service@chwa.com.tw

※ 本會員制如有變更則以最新修訂制度為準，造成不便請見諒。